麵包有可能是負三個嗎？

作者——永野裕之
譯者——許郁文

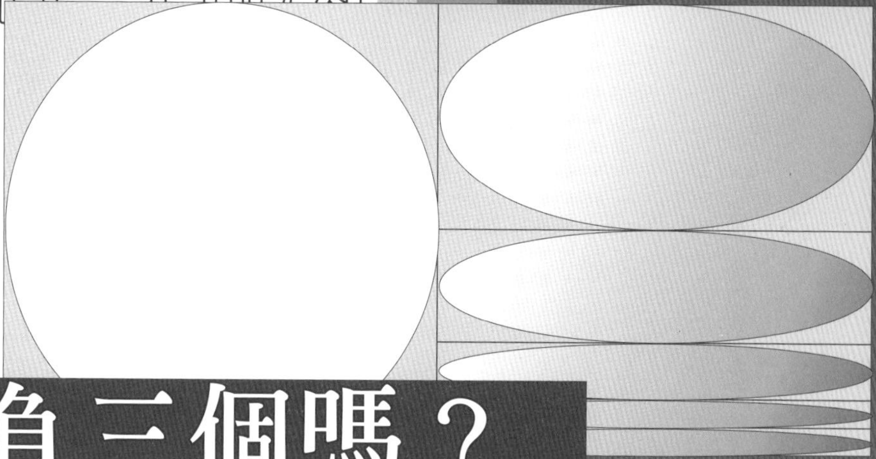

——→用最有趣的方式
認識日常生活中無所不在的
數學觀念、應用與啓發

と て つ も な い 数 学

「如果數學不美麗的話，恐怕數學就不會誕生了吧。人類最聰明的天才之所以會被如此艱澀的學問吸引，除了美麗之外，別無其他了吧。」

彼得・柴可夫斯基（1840～1893）

前言

很抱歉，開頭就要大家試著思考下面這個問題。

【頭髮同數問題】

橫濱市內，
頭髮的根數完全相同的人
存在嗎？

（註：可將下列的事實當成背景知識使用。橫濱市的人口約三百五十萬人。頭髮的根數最多不會超過十五萬根。）

乍看之下，有些人可能會覺得「根本沒辦法算出頭髮有幾根，這個問題怎麼可能有答案」，但有些人會覺得「應該會有頭髮根數完全相同的人吧」。據說大部分的人一天會掉接近一百根頭髮，如果把那些用放大鏡才看得到的胎毛髮也算進來，的確很難確定「〇〇先生的頭髮有幾根」，就算遠遠地看，覺得對方半根頭髮都沒有，也不代表對方一根胎毛都沒有。

雖然很難確定頭髮有幾根，但在三百五十萬人之中，有人頭髮根數相同也不是什麼稀奇的事，所以我明白為什麼有些人會覺得「應該有人的頭髮根數相同」的心情。但是，如果懂數學，就能克服正確數出頭髮根數的困難，也能不顧曖昧不明的直覺，得出「在橫濱市內頭髮根數完全相同的人百分之百超過兩位以上」的結果，所以本節開頭的問題答案是「有」。

為什麼能夠如此斷言？因為數學的鴿巢原理能替我們掛保證。若以相對難懂的方式說明，那麼鴿巢原理就是「將 n+1 個『對象』分成正整數 n 組時，其中至少有一組會出現兩個以上的『對象』」，聽起來好像很複雜對吧？但其實很單純。

比方說，眼前有四隻鴿子以及三個鴿巢。假設要把四隻鴿子都放進鴿巢，一定會有一個鴿巢放了兩隻鴿子。其實鴿巢原理說的是理所當然的事情，所以只要懂鴿巢原理，也能百分之百得出「在五個人之中，一定會出現相同血型的人」或是「只要現場超過十三個人，一定會出現生日月份相同的人」這類結論。

至於開頭的問題，可以想像成將三百五十萬人每個人的頭髮放進編號與頭髮根數相同的房間（房間的門貼著「零根」～「十五萬根」的紙張）。如此一來，（房間的數量遠比人數少很多），所以一定會出現兩個人同在一間房間的情況，想必大家都知道，在同一間房間的人，頭髮的根數一定相同。

我似乎聽到有人說：「不知道頭髮到底有幾根的話，根本不知道該讓人進入哪個房間。」的確是這樣沒錯。不過，就算當事人或是周圍的人都不知道頭髮有幾根，但在某個瞬間裡，真正的頭髮根數一定會落在「零根」～「十五萬根」之中，所以不管是誰，一定都會進入貼著編號與真正的頭髮根數相同的房間（大家也可以想像成，有位全知全能的神讓每個人都進入正確的房間），所以無論如何，一定會出現多人共用房間的情況。雖然鴿巢原理嚇死人的簡單，但是東京大學、京都大學、早稻田大學、慶應大學這類明星大學的入學考試或是數學奧林匹克，都出現過能以這個原理解決的問題。數學除了可用來快速解決這類像是腦筋急轉彎的題目，也常用來擬定國家戰略或是企業經營策略。

【鴿巢原理很單純】

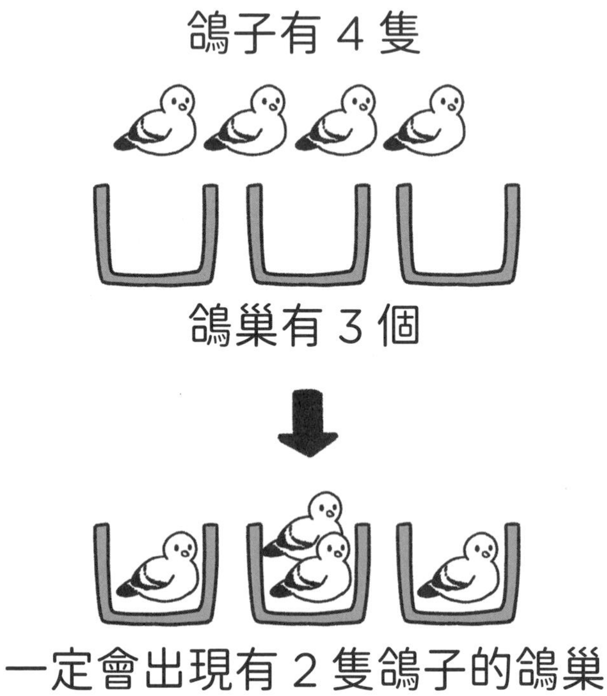

鴿子有 4 隻
鴿巢有 3 個
一定會出現有 2 隻鴿子的鴿巢

【無論如何，都會有人在同一房間】

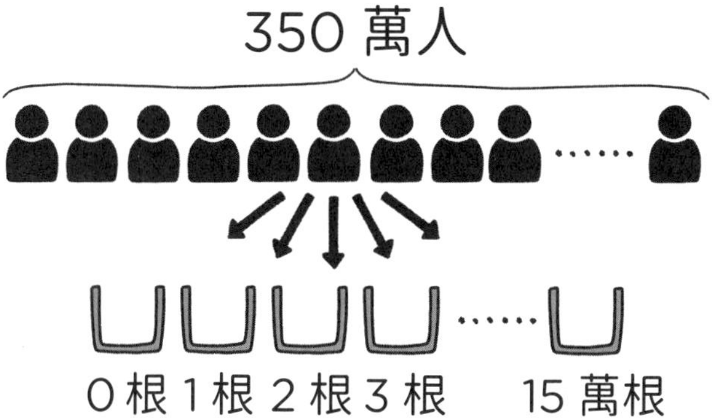

隨著電腦技術與機械學習（讓電腦模仿人類的學習方式的技術）的發展，所有的東西，包含人類的喜好與情緒都能化為數值，而這些「大數據」可透過數學（統計）分析，再進行預測與判斷，而這些結果可應用在決定國家或企業命運這類重要的局面。學習數學能夠得到解決問題的能力，以及符合邏輯的思考力、判斷力，而這些能力從解決剛剛的「頭髮同數問題」到擬定國家戰略都能派上用場，應用範圍可說是五花八門，試問還有跨度如此廣泛的學問嗎？

數學也是說明宇宙法則的「語言」。乍看十分複雜的科學法則能以一行公式簡潔且完美地說明。第一位用數學分析手法呈現實驗結果的義大利科學家伽利略．伽利萊（1564～1642）就曾說：「宇宙是以數學這種語言描述的。」神用來描述宇宙的語言肯定是數學。

足以代表日本昭和年代的數學家之一岡潔（1901～1978）也曾說：「數學是照亮黑暗的光明，雖然白天不需要光芒，但這個世界肯定需要數學。」的確，當時代越是需要改革，就越需要數學，因為當過去的風俗或是先人的教誨不再管用，數學代表的「絕對正確」是難以撼動的根據。

其實從古埃及時代或是古希臘時代開始，數學就常常為世界帶來變化，改變了歷史，改變了人們的認知，也多次開創了新時代。一旦爬梳數學的歷史，就會看到多位看似異於常人，甚至被同時代的人視為奇人、怪人的數學家。正因為他們是天才，所以才能發現凡人覺得沒有意義，甚至未曾發現的偉大課題，而且他們也靠著努力以及與生俱來的聰明克服這些課題，從中找出真理。如果能夠了解這些天才，就會知道數學不只是人類代代相傳的「智慧結晶」，更會發現那些看似冷酷的公式之中，藏著讓人熱血沸騰的戲劇性，也會因為這些戲劇性而大受感動。

數學不只有理性的一面，還有感性的一面。不管是自然還是藝術，那些我們由衷覺得美麗的事物，它們的美感往往能夠透過數學的概念或結構來解釋或證明。我甚至覺得，數學是感動的來源。事實上，黃金比例、音階（DoReMiFaSolLaSi）、繪畫、雕刻、建築、音樂的基礎都是數學。

話說回來，數學本身就是美麗的事物。以【天鵝湖】、【胡桃鉗】聞名的俄羅斯作曲家柴可夫斯基就曾說：「如果數學不美麗的話，恐怕數學就不會誕生了吧。人類最聰明的天才之所以會被如此艱澀的學問吸引，除了美麗之外，別無其他了吧。」對此，我也深有同感。

本書是一本想儘可能從不同的角度，讓大家了解數學那無窮的價值與魅力的書籍。本書總共分成六章，每章都有下列這些不同的主題。

第1章 不可思議的公式——數字可描述世界的一切
第2章 不可思議的天才數學家——奇人與怪人挑戰抽象思考的極北點
第3章 不可思議的藝術性——訴諸感性的數學之「美」
第4章 不可思議的便利——支撐現代社會的科技
第5章 不可思議的影響力——世界史與數學一起發展
第6章 不可思議的計算——印度式、方便的心算、數學拼圖

在此請容我簡單地介紹自己。

我從東京大學理學部地球行星物理學科畢業之後，以研究生的身分進入了宇宙科學研究所（現稱JAXA）。後來因為另有規劃而放棄了研究所的學業。在摸索未來時，曾經經營餐廳，但最終還是想成為夢想已久的古典音樂指揮家。儘管前往維也納留學後，曾有一段時間以指揮家這份工作為生，但在結婚生子之後，為了照顧家人而創立了永野數學塾這間一對一補習班，針對不同年齡層的學生進行個別輔導。

雖然我有過許多經驗，但卻怎麼也離不開「數學」。當我知道在物理學的世界裡，公式遠勝於任何詭辯，知道宇宙的真理絕對符合數學的邏輯之後便大為驚訝。我也知道，在經營事業時，收集資料，再根據資料與數學做出判斷的重要性。同時我也發現音樂之所以美麗，是因為音樂符合數學的邏輯，所以我現在才將透過個別輔導與寫作，宣揚數學的內涵與意義視為自己的使命。

本書收錄的每個小故事都是獨立的篇章，各位可從目錄挑出有興趣的內容再讀。希望大家能輕鬆地翻閱本書。

一如享受音樂的方法以及料理的調味方式沒有公式，享受數學的方法也沒有正確答案。不管是從哪個領域或方向切入，都一定會遇到數學那無窮的魅力，而這就是所謂的數學，數學就是具有如此寬大的胸懷。

永野裕之

目錄

第2章 不可思議的天才數學家

第3章 不可思議的藝術性

第4章 不可思議的便利

第5章 不可思議的影響力

第6章 不可思議的計算

第1章

不可思議的公式

烏鴉跟蜜蜂都會數數？

活躍於十九世紀德國的數學家克羅內克（Leopold Kronecker，1823～1891）曾說：「上帝創造了整數，其他一切都是人造的。」

有不少研究結果指出，除了人類以外，其他的動物也能「一、二、三、……」地數數。

德國圖賓根大學的研究證實，烏鴉能夠完成「時間差樣本對照課題」。所謂的「時間差樣本對照課題」是指在幾秒的時間差之內，讓烏鴉觀看電腦螢幕的前後兩張圖片，假設烏鴉能在第二張圖片的點數與第一張圖片的點數相同時啄擊螢幕，就能得到餌食。讓烏鴉不斷練習這個課題之後，烏鴉似乎了解了這項課題的主旨，也只會在點數相同的時候啄擊螢幕。

澳洲昆士蘭大學也提出蜜蜂懂得數數的報告。研究人員在隧道裡面拉了幾條線，然後假設在第三線的位置放了花蜜，再讓蜜蜂不斷地經過這條隧道之後，再讓蜜蜂經過沒有放任何花蜜，只有拉線的隧道，結果蜜蜂全部聚在第三條線附近。不過，這也有可能是蜜蜂透過與入口的距離判斷花蜜的位置，所以當研究人員調整了線與線的間隔，再讓蜜蜂經過隧道之後，蜜蜂還是整群聚在第三條線附近，這結果也頗令人玩味。

其他像是杜鵑會把自己的蛋放入樹鶯的巢，讓樹鶯幫忙孵蛋（這種行為稱為「托卵」），此時杜鵑會根據自己的蛋有幾顆，踢掉相同數量的樹鶯蛋。

相對於整數的概念，如果沒有「將一分成 n 等分時，一等分等於 1/n」這種屬於分數的「共同概念」，就無法理解分數是什麼意思。小數點或是零也是透過共同概念導入才得以成立的數。

被稱為「冒牌貨」的數

在國中一年級春天，站在數學入口處學習的負數，也是人類另外發明的「數」。負數是比零還小的數，最晚在二世紀之前寫成的中國數學書籍或是西元七世紀前半寫成的印度數學書籍，就已經發現有關負數計算的記載。尤其在印度，七世紀的印度商人就已經把「十萬日圓的借款」寫成「負十萬日圓的利益」，在當時負數已相當普及。

反觀歐洲的數學家要一直等到十七世紀之後才接受負數的概念。那位「我思故我在」的知名數學家笛卡兒（René Descartes，1596～1650）還曾經將方程式的負數解稱為「冒牌貨的解」。

即使進入十八世紀，許多數學家還是無法認同負數。

眾所周知，就連被譽為「計算能力就像人會呼吸，鳥會飛翔」的天才李昂哈德・歐拉（Leonhard Euler）都曾經有過「當 1/x 的 x 朝零越變越小（從正數開始變小），1/x 的值就會無限放大。既然『負數』是比「零更小的數」，所以當 x 為負值時，1/x 的值應該會比無限大還大」這種誤解。

【歐拉的誤解】

x 越小 → y 越大

x	$y=\frac{1}{x}$
1	1
0.1	10
0.01	100
0.001	1000
0.0001	10000
↓	↓
0	∞(無限大)
↓	↓
負數	比無限更大的數？

既然如此，

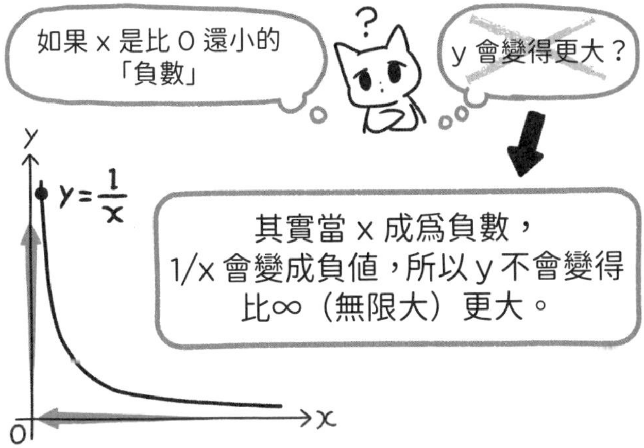

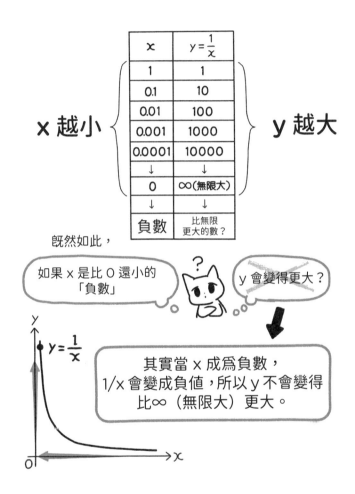

如果 x 是比 0 還小的「負數」
y 會變得更大？
其實當 x 成爲負數，1/x 會變成負值，所以 y 不會變得比∞（無限大）更大。

你能想像負三個麵包是什麼意思嗎？

為什麼西歐的數學家會如此排斥負數，不把負數當成正經的數字，又或者會誤解負數的計算方式呢？

這是因為負數是很難憑直覺了解的數。想必大家都知道，我們眼前不可能出現「負三個麵包」這種情況。難以想像的東西當然很難接受。不過，採用負數的概念之後，就能從概念上了解意義相反的事物。比方說，某個月的獲利為三百萬日圓，損失為一百萬日圓。如果不能使用負數，就必須思考利益與損失這兩個概念，每個月都得計算損益顛倒的情況。不過，若是能將一百萬日圓的損失寫成「負一百萬日圓的利益」，就能在以損益分歧點為原點的一條數線之中，討論業績或損益。像這樣能在一個概念之中討論正相反的概念，就是使用負數的一大優點。

負數登場後，「零」不再是數線的端點，而是正中央的點，這件事也具有相當的意義，因為如此一來，「零」不再只是無（nothing），還代表正數與負數同時存在的狀態，也就是平衡（balance）的狀態。

人造衛星與兩名力士

比方說，繞著地球旋轉的人造衛星之所以能維持在地球之外，不是因為有股力量拉住人造衛星，而是作用在人造衛星的萬有引力與離心力平衡的緣故。此外，原子之所以是電中性，也是因為原子核之中的質子帶有的正電，與周圍的電子所帶有的負電平衡，一旦這個平衡瓦解，就會出現陽離子與陰離子。

相撲也是一樣，兩位力士有時候會在土俵中央用雙手抓住彼此的腰帶，然後一動也不動。這時候的他們當然不是在比賽的時候休息，而是這兩名力士對彼此施加了相同的力量，而這兩股力量的方向卻相反，所以才會像是在土俵中央「靜止不動」。明明對彼此施加了相當大的力量，看起來卻像是沒有施加任何力量一樣，全是因為這兩股方向相反的力能以正與負的加法計算。

當我們能透過負數將「零」視為「中央的數」之後，就能開始思考那些乍看之下沒發生任何事情的現象，有可能有兩股正相反的力正在彼此對抗，而代表平衡的「零」也有可能因為某個因素而失衡。其實雙手抓住彼此腰帶的力士在下個瞬間突然扳倒對方的場景非常常見。

【以一個概念思考「正相反的概念」】

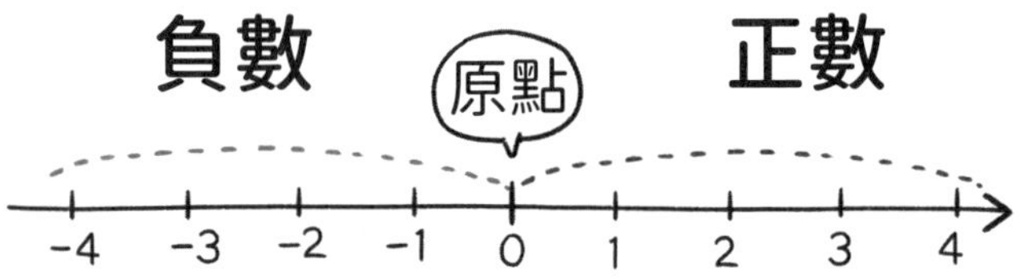

負數登場後，0（原點）
就像是平衡玩具彌次郎兵衛的支點。

降噪技術也是拜「負數」所賜

人際關係或許也是如此。假設某對夫婦的關係非常和睦，給予彼此體貼與愛情也應該是對等的才對，但如果誤以為這種和睦是另一半給予的「無私的愛」，而忘記體貼對方，就有可能會失去這份平穩的感情。

如果透過心眼觀察事物，而不是透過肉眼的話，想法便能躍升至不同的次元，換言之，透過創造概念並深入探索概念，我們就能更了解這個世界。其實除了自然科之外，經濟學、社會學以及其他學問或是我們的生活，都有許多只有負數才能描述或是觀察的事情。

比方說，在最近蔚為話題的降噪耳機就是其中一例。降噪技術是在外部麥克風接受到聲音之後，產生正相反的聲音，抵銷鼓膜振動，讓聲音化為無形的技術，所以與阻斷外界聲音的「防音技術」完全不同，能營造另一個次元的安靜環境。這種在地下鐵施工現場附近也能享受音樂的降噪耳機，就是基於負數這個概念才得以開發成功的科技產品之一。人類發明的負數具有相當深遠的影響力，也可說是數學界規模最大的典範轉移。

能否能想像一兆的「量」呢？

計算每日離婚人數的方法

日本厚生勞動省的「人口動態統計年度趨勢」指出，二〇一八年的日本離婚件數約為二十萬七千對。你對這個數字有什麼感覺呢？「就這麼少？」、「好多喔」、「比想像來得少」，想必每個人的感覺都不一樣對吧。

話說回來，如果你去參加高中同學會，然後聽到高中同學說「其實我離過三次婚」，你會有什麼感想？如果跟自己、朋友或是親戚相比，或是從未婚率已成為社會問題的現況來看，你應該會覺得「三次」這個數字「很多」吧？

我認為，你會覺得「三次」很多，但是對「二十萬七千」這個數字有不同的感覺，在於很難實際感受「二十萬七千」這個數字到底有多大。

此時最常使用的另一種說法就是「每日平均」，比方說，將二十萬七千（對）除以三六五（日），就可以得到二〇一八年每日約有五六七對離婚，如果再除以二十四（小時），也就是每小時約有二十四對離婚。如果再除以六十（分鐘），就可以得到每分鐘約有零點四對離婚的結果。意思是日本全國每兩分半鐘就有一對夫妻離婚。就算對「二十萬七千對」沒什麼感覺，聽到「每兩分鐘半就有一對夫妻離婚」的話，許多人就比較能夠想像這個數字有多大。

以不同的方式想像「一兆」這個數字

一般來說，數字越大，越難以實際掌握。比方說，一兆這個數字。你能否正確想像「一兆」有多大呢？「兆」這個單位通常用於國家預算（日本的國家預算約為一百兆日圓），或是用來數算細胞的數量（人體的細胞約有六十兆個），平常不太會有機會用到。換句話說，我們很少有機會看到「〇〇兆個」東西，所以當然無法實際感受「兆」這個單位到底有多大。

接著讓我們試著從「一、二、三、……」開始數，看看數到一兆需要耗費多少時間，藉此做為了解「兆」這個數字到底有多大的標準。一小時有三千六百秒，而一天有二十四小時，所以一天約有九萬秒。假設每一秒可以數一個數字（位數增加之後，一秒可能數不了一個數字），一天大概能夠數到十萬個數字，一年可以數到三六五〇萬個數字，三年約可以數到一億個數字，而一兆是一億的一萬倍，所以要數到一兆的話，大概需要三萬年。順帶一提，如果時間回溯到三萬年前，差不多就是尼安德塔人滅絕的時代。應該有不少人聽到這裡，會為了「蛤？居然得花這麼久的時間！」而大吃一驚吧。

距今一兆秒之前，差不多是尼安德塔人滅絕的時代，許多人聽到這裡，才總算了解一兆的意義，知道一兆是多麼大的數字。當我們賦予大到難以具體想像的數字意義之後，就會比較容易想像，而剛剛使用的「～平均」這種單位量也能賦予數字意義。

接著我想試著利用不同的單位賦予「一兆」意義。比方說，若以地球的周長（約四千萬公尺）除以一兆公尺，一兆公尺大概是地球兩萬五千圈的周長。接著讓我們試著以地球到太陽的距離除以一兆公尺。地球到太陽的距離為一天文單位，而一天文單位約為一千五百億公尺，所以一兆公尺約是地球到太陽距離的六點七倍。接著讓我們試著以一輩子的心跳數除以一兆次。一般來說，哺乳類一輩子的心跳數約為二十億次，但是以日本這個進入人生一百年的國家來看，日本人一輩子的心跳數約為三十億次，換句話說，一兆次大概是三三三個人一輩子的心跳數總和。

賈伯斯是單位高手

利用單位賦予數字意義，是說服他人所不可或缺的利器。

假設眼前有份票選簡報高手的問卷，想必於二〇一一年亡故的史蒂夫・賈伯斯仍會得到壓倒性的支持，成為無庸置疑的第一名。許多人都從不同的角度分析賈伯斯的簡報，想知道為什麼他能把蘋果公司的商品介紹得那麼有魅力，但許多人也都會點出賈伯斯非常懂得使用數字這點。

賈伯斯曾在二〇〇八年的「MacWorld」（介紹蘋果產品的發表會）提到第一代iPhone在發表之後的兩百天之內，總共銷售了四百萬台。「四百萬」的確是個很厲害的數字，但這個數字太大，無法留下深刻的印象，因此賈伯斯又立刻說「這意味著我們每天賣出兩萬台iPhone」，使用「每天賣出兩萬台」這個單位，能讓聽眾在瞬間了解數字的涵意。應該有不少讀者都看過現場的情況才對。於二〇〇一年銷售的第一代 ipod（音樂播放器）是以重量僅 185 公克，卻有 5GB 容量為賣點，雖然 B（位元組）是資料容量的單位，但能夠立刻明白 5GB 是多少容量的人應該不多。一首流行音樂所需的容量約為 5MB，而 G（Giga＝十億倍）是 M（mega＝一百萬倍）的一千倍，所以賈伯斯在簡報之中提到 ipod 約可以將「一千首歌放在口袋裡」，而這種說明遠比「容量高達 5GB，重量卻只有 185 公克」更容易理解。

對數字敏感的人所具備的三個條件

為了讓人更容易想像大數字，通常會縮小數字。

日本財務省於 YouTube 官方頻道發表的「若以家計比喻日本的財政，日本的債務有多少？」也是典型的例子。日本一年的稅收約為五十九點一兆日圓，扣掉國債的費用之後，一年的支出約為七十四點四兆日圓，國債費為二十三點三兆日圓，公債餘額為八八三兆，此時若以月收入三十萬日圓（實際薪資）的家計比喻，大概就是每個月的生活支出為三十八萬日圓，償還的本金加利息約為十二萬日圓，房貸的餘額約為五三七九萬日圓。

為了讓大家感受太陽系的規模，可以試著將太陽縮小成東京巨蛋（直徑約兩百公尺）。如此一來，地球的直徑大概是身高較高的男性（約一百八十公分）。此外，太陽若位於東京巨蛋（東京的水道橋），那麼地球就位於東京都小金井市的東小金井站與武藏小金井站之間（約二十一公里）。在太陽系之中，體積最大的行星為木星，若以相同的比例尺來看，木星大概是七層樓式建築（約二十公尺），位置則落在山梨縣甲斐市的中央本線龍王站附近（約一一一公里）。同理可證，距離最遠的行星，也就是海王星的直徑大概是小型公車（約七公尺），位置大概差不多快到山陽新幹線的廣島站（約六七三公里）。

二〇〇一年，在全世界以連環信傳播，在日本也出版為書籍以及成為電視節目的「如果世界是一百人村」，也是因為整體的規模縮小了，所以才變得簡單易懂。具體的內容可以上網搜尋，有興趣的讀者不妨查一查。

所謂對數字敏感，就是具備下列三個條件。

① 能夠比較數字
② 能夠製造數字
③ 了解數字的意義

【讓太陽縮小至東京巨蛋的大小之後……】

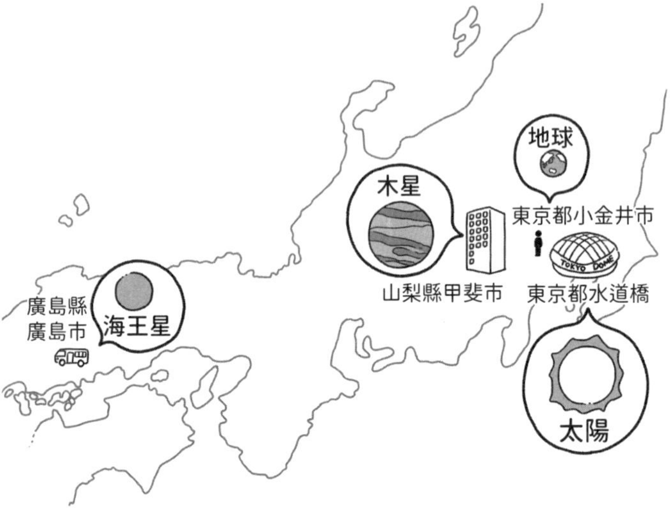

要學會使用不同的單位，以及讓整體縮小為較小的數字，除了需要具備①與②的資質，還得培養③的素養，如此一來，你就會成為眾人眼中那個「對數字很敏感」的人。

累乘會爆發性地增加

令秀吉慌張的計算

雖然戰國時代的武將豐臣秀吉是腦袋十分靈光的人，但不太會讀書，所以身邊有許多被稱為「御伽眾」的家臣，專門為他分享經驗與學問。家臣之一的曾呂利新左衛門除了是一名製作刀鞘的知名工匠，也被譽為落語家的始祖，留下了許多充滿機智的小故事。

某天，秀吉為了某事想要獎賞新左衛門，所以問新左衛門想要什麼。他想了一下之後，便跟秀吉說：「第一天給我一顆米，第二天給我兩顆米，第三天給我四顆米，第四天給我八顆米，以此類推，從一顆米開始給，每天給我前一天一倍的米，然後連續給我一個月。」秀吉當下不以為意，還覺得新左衛門「居然只要這麼點小東西」，但是隨著一天一天過去，秀吉便發現他答應了不該答應的事情。

其實若真的照新左衛門的要求給米，過了兩週之後，也不過才八一九二粒米，差不多就是稍微超過一合（約六五〇〇粒）的量，但是到了一個月之後，就會暴增到五億三千萬多顆米，這差不多是兩百俵的米量。1俵約為六十公斤，所以兩百俵（多達十二噸！）絕對是難以想像的量。中途發現這件事之後，秀吉急得問新左衛門能不能換成其他的獎勵。

報紙對折四十二次之後……

像「二×二×二」這種相同的數字連乘的計算方式稱為累乘。眾所周知，當累乘的次數變多，中途就會出現爆炸性的變化。

比方說，讓我們計算報紙對折的厚度吧。假設報紙的厚度為0.1公釐，對折n次之後的厚度會是0.1×2^n（公釐）。若是根據這個公式計算，對折十次的厚度大約是十公分，對折十四次大概比成年女性的平均身高高一點（約一六四公分）。

不過，再繼續對折，這個數字就會飆升。一旦對折三十次，報紙的厚度就會來到東京～

【暴增的米粒】

天數	米粒的數量	參考
1	1	
2	2	
3	4	
4	8	
5	16	
6	32	1g ≒ 43 粒
7	64	
8	128	
9	256	
10	512	
11	1,024	
12	2,048	1 碗飯（約 0.4 合）≒ 2,600 粒
13	4,096	
14	8,192	1合（150g）≒ 6,500粒
15	16,384	
16	32,768	
17	65,536	
18	131,072	3kg ≒ 130,000粒
19	262,144	
20	524,288	
21	1,048,576	
22	2,097,152	1俵 ≒ 2,600,000粒
23	4,194,304	
24	8,388,608	
25	16,777,216	
26	33,554,432	
27	67,108,864	
28	134,217,728	
29	268,435,456	
30	536,870,912	200俵 ≒ 520,000,000粒

熱海之間的距離（約一〇七公里），更令人驚訝的是，對折四十二次之後，報紙的厚度就會超過地球到月球的距離（約三十八萬公里）！對折報紙時，外側的紙無法無限延展，所以當然不可能對折那麼多次，但大家應該已經明白，累乘的數字會在中途呈爆炸性成長這點了吧。

單利與複利有如天壤之別

相同數字連乘的計算方式擴張之後，就是高中學過的指數函數。指數函數也可說是與我們的生活最為密切的函數，而其中最貼近生活的例子之一就是用於計算利息的複利法。

所謂的複利法就是「將固定期間之內產生的利息加到本金之中，再將這個本金加利息視為在下次期間計算利息的新本金」，反觀單利法就是「不將產生的利息加入本金，只以最初的本金計算利息」的方法。假設第一年存了一百萬本金，而年利率（一整年的利息）為10%，那麼不管是單利法還是複利法，一年之後的本金加利息會是：

【複利與單利的比較】

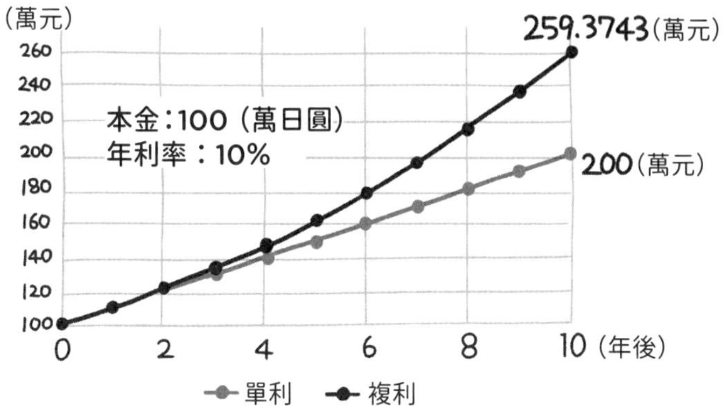

100萬日圓+100萬日圓×10%＝110萬日圓

不過,從第二年開始,單利法與複利法的計算結果就會走向不同的道路。以複利法而言,會以第一年的本金加利息,也就是一一〇萬日圓計算10%的利息,所以第二年的本金加利息會是:

110萬日圓+110萬日圓×10%＝121萬日圓

反觀單利法只會根據第一年的本金計算利息,所以第二年之後的本金加利息會是:

110萬日圓+100萬日圓×10%＝120萬日圓

「什麼啊,才差一萬日圓啊?」或許有些人會如此覺得,但是在過了很多年之後,兩者的差異便一目瞭然。

上面的圖表是本金一百萬日圓、年利率 10%，連續存十年時，複利與單利的比較結果。雖然在最初的幾年看不太出差異，但在十年後就出現了六十萬日圓的差距。複利法是在最初的一百萬日圓以 1.1 倍累乘的計算方式，而單利法則只是在最初的一百萬日圓不斷加入十萬日圓的計算方式。

話說回來，如今的日本是超低利率時代，不管是哪間銀行，存款利率最多只有年利率 0.3% 而已（網路銀行的定存），所以就算將本金一百萬日圓存入銀行，而且連存十年，在複利的情況下可得到一〇三萬四〇八日圓，至於在單利的情況下，則為一〇三萬日圓，兩者只差了四〇八日圓而已。

人口會以等比級數增加

若使用累乘擴張之後的指數函數，除了能描述複利計算的過程，也能描述許多社會現象與自然現象。

【馬爾薩斯的《人口學原理》】

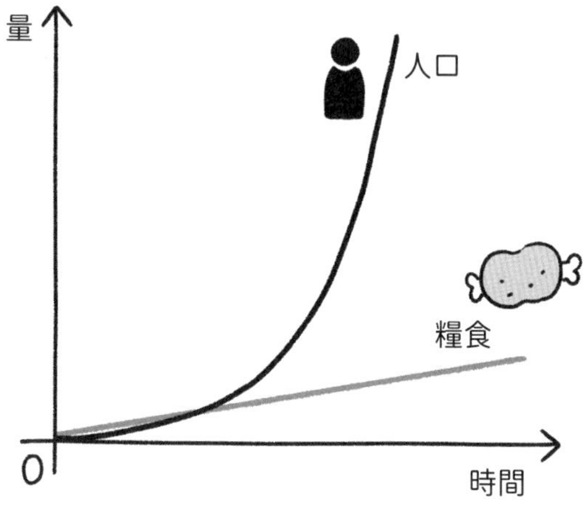

活躍於十八世紀末期到十九世紀初期的英國經濟學者兼牧師的馬爾薩斯（Thomas Robert Malthus，1766～1834）在《人口學原理》預測「今後人口會呈等比級數增加，但是糧食只會以等差級數增加，所以最終會爆發糧食不足的問題」。

這裡說的「等比級數增加」是「1、3、9、27、……」這種於最初的數不斷乘以相同的數的計算過程，增加的方式與累乘相同，而此時的人口會以指數函數描述。另一方面，栽植農作物或是飼養家畜都受到土地或是資源的限制，所以糧食無法像人口那樣（無法像指數函數那樣）增加，就算一切順利，也頂多只能以「1、4、7、10、……」這種不斷以相同的數相加的「等差級數」增加，這也是馬爾薩斯的預測。這種情況的糧食份量可透過一次函數（線性函數）描述。

其實從全世界的人口增加趨勢來看，會發現人口從十九世紀末開始以「人口爆炸」的速度急速增加。一八〇〇年時，全世紀的人口僅十億人，到了一百年之後，增至十六億人，到了一九五〇年是二十五億人、二〇〇〇年之後，增加至六十一億人。到了二〇一五年，全世界的人口約為七十三億人，有人預估，到了二〇五六年之後，全世界的人口有可能會增加至一百億人。

另一方面，日本的人口從二〇〇七年之後不斷減少，這與計算女性一生平均生下幾名小孩的出生率（正確來說是總和生育率）過低有關。一九四七年，日本的出生率仍有4.54，但是到了二〇〇五年之後，已下滑至1.25。儘管現在已經回升至1.4左右，但仍然遠遠不及維持人口數量所需的出生率（2.07）。

順帶一提，能夠維持人口數的出生率之所以是「二」，在於從直覺來看，父親與母親若無法生下兩名小孩，人口應該就會減少。

【味噌湯冷卻的速度】

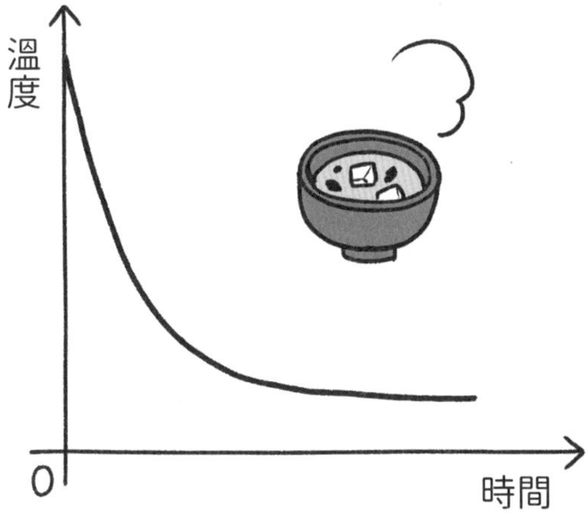

「湯不會冷掉的距離」有多遠？

牛頓（Isaac Newton，1642 ～ 1727）的「冷卻定律」指出「物體失去熱量的程度與周遭的溫差呈正比」。比方說，80℃的味噌湯放在室溫20℃的房間冷卻時，由於一開始的溫差高達60℃，所以在一定時間之內，冷卻的幅度會非常大。假設味噌湯在十五分鐘後變成60℃，此時與室溫之間的差距只有40℃，冷卻的程度就會比一開始來得少。

等到味噌湯降至25℃之後，與室溫的差距只剩下5℃，此時冷卻的速度就會非常慢。換言之，味噌湯在一開始的時候最快冷卻，但之後會慢慢冷卻。其實這種冷卻速度的變化也能利用指數函數說明。雖然有點偏題，但一說認為，長大成人的小孩在離家之後，小孩的家與父母親的家的最佳距離就是「味噌湯不會冷掉的距離」。話說回來，這到底是多遠的距離呢？

液體的冷卻方式除了會受到外部的氣溫影響，也會受到表面積以及容器的導熱性影響，所以無法一概而論，但是一九八八年當時的東京都老人綜合研究所（現稱東京都健康長壽醫療中心研究所）曾經發表，裝在不銹鋼鍋的味噌湯從剛煮好的90℃降到最美味的65℃，大概需要三十分鐘，而徒步三十分鐘的距離大概是兩千一百公尺。

此外，這原本是指「高齡的父母親發生事情，子女隨時能夠趕到的距離」，但是現在雙薪家庭越來越多，健康的高齡者也越來越多，所以「味噌湯不會變涼的距離」已經變成「父母親能夠幫忙帶小孩的距離」。

一般來說，某個變數的瞬間變化與變數值呈正比時，該變數會隨著指數函數增減。如果將這個變數寫成公式，就會得到次頁的圖，但大家跳過這張圖也沒關係。

其實我們身邊有許多因為累乘而造成激變的現象，而且這種變化的程度也出乎意料地多。不過，當這種劇烈變化能以複雜程度不若指數函數的初等函數（其實文組的高中生也

【說明劇烈變化的方程式】

f（x）的瞬間變化　　與f（x）呈正比

$$\frac{d}{dx}f(x)=kf(x)$$ 「k爲常數」

⬇ 解開這個「微分方程式」之後，

$$f(x)=e^{kx}$$ 「e=2.718……是自然對數的底數」

指數函數

學過這種函數）描述，是不是讓人有點感動呢？而且除了這次的例子之外，早在人類發明數學之前就存在的自然現象，或是源自人類自由意志的社會活動能以簡單的公式描述時，我都會深深覺得數學的力量實在驚人，也覺得數學十分有趣，更相信數學具有無限的可能性。

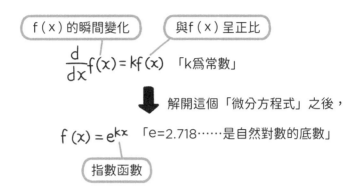

丟三次骰子，組合出三位數的數

如果眼前有下列這種遊戲，你會參加嗎？

「請試著丟三次骰子，然後利用三次的數字隨意組成三位數的數（如果丟出的是1、5、6，就能組出156或是561這種數字）。

接著將這三位數的數連續兩次（如果是156，就寫成156156）。接著請將這個六位數除以七，得出的餘數就是你的幸運數字，你也能得到張數與這個幸運數字相同的萬圓紙鈔。順帶一提，這個遊戲的參加費用為一千日圓。」

【幸運數字一定會是0】

7可以整除「1001」這個數字（1001=143×7），所以由兩個相同的三位數組成的數字一定能被7整除

$$156156 = 156 \times \underline{1001}$$
$$= 156 \times \underline{143 \times 7}$$

由於幸運數字是以七除出來的結果，所以只會是0、1、2、3、4、5、6其中一個數字，換言之，最高的獎金為六萬日圓。只要運氣不要太差，幸運數字不是零，就能得到一萬日圓以上的獎金，所以許多人也會為了這點參加。

不過在此要請大家稍安勿躁，因為我不建議大家參加這個遊戲。比方說，你組出的是「156156」這個數字，此時若試著以「七」除之，會得到156156÷7=22308，餘數為零，也就是幸運數字為「零（沒有獎金）」。其實這並非偶然，而是這個遊戲的獎金永遠都是零元。

接著就為大家揭露謎底吧。由兩個相

同的三位數的數所排成的數，與三位數的數乘以1001的結果相同，而1001能以七除盡，所以你的「幸運數字」一定會是零。順帶一提，之所以使用骰子，只是為了增加遊戲的趣味，只要是兩個相同的三位數排在一起，都一定能以七除盡。

大數學家費馬留下的筆記

0與從0開始依序遞增或遞減的數（1、2、3、……、-1、-2、-3、……）都是整數，研究這個整數的數學領域稱為數論。雖然整數是我們耳熟能詳的數，卻仍然充滿了未知的性質。

比方說，當n為大於等於三的整數，沒有能滿足$x^n+y^n=z^n$的x、y、z（x、y、z為自然數，也就是大於等於1的整數），這個稱為費馬大定理。活躍於十七世紀的法國數學家皮耶・德・費馬（Pierre de Fermat，1607～1665）曾在某本書的角落寫下「我發現了一種這個定理的美妙證法，可惜這裡的空白處太小，寫不完」。

不過，大部分的現代數學家都認為費馬找到的證法有誤或是有不足之處，因為這個定理一直到等費馬死了三百年以上，也就是一九九四年的時候，才由英國數學家安德魯・懷爾斯（1953～）證明，而這個證明非常複雜，是得使用現代數學的技術才能得出的結論。

「完全數」只有五十一個

整數之中有很多有趣的角色，而且都有自己的名字，比方說自然數、質數、偶數、奇數、三角形數、平方數、相親數、畢氏三元數（參考下一頁）……。

其中有一種數的名字特別酷，叫做「完全數」，大家可曾聽過這種數呢？

當整數 b 能夠整除整數 a 的時候，b 稱為 a 的因數，當某個正整數的所有因數（不包含自己）相加等於本來的正整數，該正整數稱為完全數。最小的完全數為 6。完全數包含 6、28、496、8128，然而一萬以下的完全數只有四個。迄今，只發現五十一個完全數。

【各種整數】

自然數 正整數（要注意的是，不包含 0）

質數 除了 1 與自己之外，無法整除且大於等於 2 的整數
2, 3, 5, 7, 11, 13, 17, 19, ……

質數會在下一節進一步介紹

偶數 能以 2 整除的整數

奇數 無法以 2 整除的整數

三角形數 能排成正三角形的點的總數

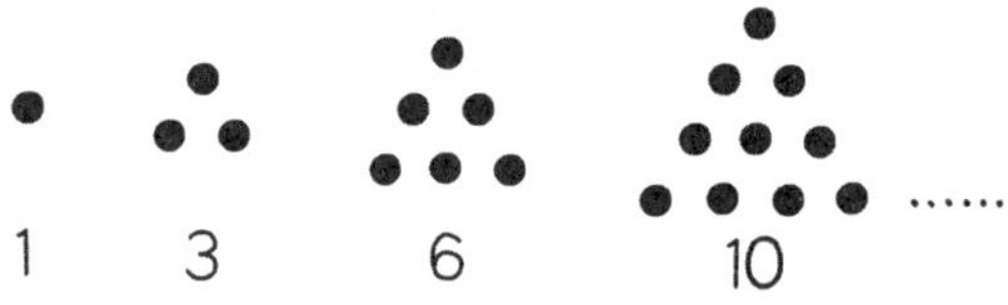

平方數 屬於自然數平方的整數
1, 4, 9, 16, 25, 36, 49, 64, ……

自然數 除了自己之外的因數總和，與另一個數字相等時，這兩個自然數互爲相親數

220的因數總和爲284
284的因數總和爲220
（220，284）爲相親數

畢氏三元數 能成爲直角三角形三邊長的三個整數的組合
(3, 4, 5), (5, 12, 13), ……

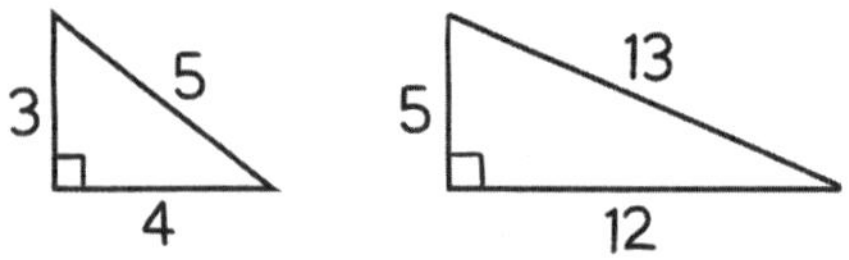

【完全數】

6的因數

1, 2, 3, (6) ⬅ 所有的因數

6 = 1 + 2 + 3 ⬅ 加總所有的因數（不包含 6）

28的因數

1, 2, 4, 7, 14, (28) ⬅ 所有的因數

28 = 1 + 2 + 4 + 7 + 14 ⬅ 加總所有的因數（不包含 28）

在二〇一八年發現的第五十一個完全數是位數超過四千九百萬以上的超大數字。這個研究早從西元前四世紀就開始，但是到現在只找到五十一個完全數，代表完全數是相當罕見的數字。不過，大家都期待完全數有無數多個（這點到目前還未得到證明）。

雖然聽起來有點像是在開玩笑，但第一個完全數之所以是六，有些人認為是因為神在六天之內創造了世界（第七天為休息日，也就是星期日）。因為前往英格蘭佈教而名聞遐邇的第一代坎特伯里大主教聖奧古斯丁曾說：「六本身就是完全數，所以神才決定在六日之內創造萬物。」

此外，六也是由最初的兩個質數（二與三）相乘所得的數，所以六的倍數有許多是能以各種數除盡的方便之數。其實我們身邊有許多數（例如十二個月、二十四小時、三十天、六十分鐘、三六〇度等）都是六的倍數。

順帶一提，六之後下一個完全數為二十八，而這個二十八是原子核的狀態特別穩定時，質子與中子的個數總和（這個數又稱為魔數），也是成人頭蓋骨的骨頭數（除了舌骨），或是成人的牙齒顆數（除了智齒）。再者，每隔二十八年（會遇到七次閏年），月份、日期與星期幾會回到原本的組合，所以二十八年前的月曆仍然可以使用。

「6174」的不可思議之處

接著還要再介紹一個整數讓人感到不可思議的性質。那就是「6174」這個數字所具有的奇幻性質。這份原稿是於二〇一九年的夏天撰寫，如果以「2019」這四個數字組成最大的數與最小的數，也就是組成「9210」與「0129（可視為129）的話，兩者的差為「9081」。接著對「9081」進行相同的計算，可得到「9621」這個數字，接著再進行相同的計算可得到「8352」，接著若是對8352進行相同的計算，可組出「8532」與「2358」

這兩個數字，這兩個數字的差為「6174」。

算到這裡，大家是不是覺得這有什麼有趣的？甚至會覺得很無聊對吧？但是大家若是知道，不管一開始是何種數字組合成的四位數，只要以相同的方式計算，最後一定會得到「6174」這個答案，是不會是大吃一驚呢？誰都能夠確認這個性質，所以大家不妨利用自己的出生年月日試算看看（要注意的是，計算過程中若遇到「9999」這種所有位數都是相同數字時的狀況，只會得到「0」這個答案）。

擁有這種性質的數稱為卡布列克數。之所以稱為卡布列克數，是因為這個性質是由二十世紀的印度數學家卡布列克發現的。四位數的卡布列克數只有6174，三位數的卡布列克數則為「495」，六位數的卡布列克數則為「549945」與「631764」（沒有五位數的卡布列克數）。如果包含「0」的話，到目前為止總共發現了二十個卡布列克數。

【「6174」的不可思議的性質】

2019 ➡ 9210 − 0129 = 9081
9081 ➡ 9810 − 0189 = 9621
9621 ➡ 9621 − 1269 = 8352
8352 ➡ 8532 − 2358 = **6174**

1974 ➡ 9741 − 1479 = 8262
8262 ➡ 8622 − 2268 = 6354
6354 ➡ 6543 − 3456 = 3087
3087 ➡ 8730 − 0378 = 8352
8352 ➡ 8532 − 2358 = **6174**

質數仍是未解之謎

「最重要的」數是什麼?

你的生日日期有什麼特徵嗎?假設你的生日是七月十六日,「16」是偶數,是4的倍數,是2的4次方,也是4的2次方。那麼月份的「7」又有什麼特徵嗎?雖然有「Lucky 7」這種聽起來好像很幸運的說法,但大家應該不覺得7有什麼特徵。然而,其實7有「除了1與自己之外,無法除盡」的特徵。擁有這個特徵且大於等於2的整數就稱為質數。

如果不是質數,就一定能以質數的乘積(數與數相乘)表示,例如「6=2×3」。這個過程稱為質因數分解,至於質數,顧名思義就是數的本質。質數的英文為prime number,而prime有「最重要的」、「最高階的」這類意思,所以說質數在所有數之中,是最重

【質數的呈現方式不太規律】

2,3,5,7,11,13,17,19,23,29,
31,37,41,43,47,53,59,……

一直延續

下去喲

要的數也不為過。

儘管質數如此重要，但由小到大依序找出質數，會發現質數不太規律。質數的相關研究早在兩千年以前的古希臘時代就已經開始，如今仍是相當熱門的研究，許多數學家也對質數的分布（呈現方式）是否具有規律很感興趣。

懸賞一百萬美元的證明

與質數分布情況有關法則之中，以「黎曼猜想」最為有名。黎曼猜想是於一八五九年，由德國數學家波恩哈德．黎曼（Georg Friedrich Bernhard Riemann，1826～1866）提出。具體的內容非常艱深，請恕作者在此割愛，但如果黎曼猜想是正確的，那麼乍看之下是隨機分布的所有質數就有共通的規律。黎曼猜想的證明到目前還沒有解決，美國克雷數學研究所也提供了一百萬美元的懸賞獎金。

除了黎曼猜想，還有一個無法證明是否正確的質數相關法則，那就是「4以上的偶數都可由兩個質數組成」。只不過這個法則雖然還無法證實，目前也還沒找到例外。比方說：

4＝2＋2、6＝3＋3、8＝3＋5、10＝3＋7、12＝5＋7、14＝3＋11、16＝3＋13、18＝5＋13……

就是其中幾例，而且更大的偶數也有相同的規律。大家有興趣的話，可以拿不同的偶數試算看看。目前已知的是，近年來已經算到400京（一京為一兆的一千倍）的數都可由質數加總。

這是十八世紀普魯士公國（曾於現代德國東北地區存在的國家）數學家克里斯蒂安・哥德巴赫（Christian Goldbach，1690～1764）提出的規律，又被稱為哥德巴赫猜想。不過，到目前為止還沒有人能證明哥德巴赫猜想是正確的（也沒有人證明哥德巴赫猜想是錯誤的）。

除了上述的兩個猜想之外，11與13這種連續出現的兩個質數被稱為孿生質數，但目前還不知道這種孿生質數是否有無限多個。

明明質數是所有數的本質，卻充滿了未解的謎團。德國數學家克羅內克曾說：「上帝創造了整數，其他一切都是人造的。」但我認為質數才是由上帝創造的數，總覺得全知全能的上帝是透過質數享受出題解謎的樂趣。說不定在這個寬廣的宇宙之中，已經有人比人類更早解開這個謎題。光是想像這點就覺得十分有趣。

找出巨大的質數吧！

早在古希臘時代，歐幾里得（西元前三百年左右？）就已經證明質數有可能無限大，但只要爬梳歷史就會知道，要發現大質數非常困難，不過一五八五年，彼得羅·卡達（Pietro Antonio Cataldi，1548～1626）發現了六位數的質數（524287）之後，這個質數就一直坐在「實際發現的最大質數」這個王座之上。

直到一七三二年，當時年僅二十五歲的李昂哈德．歐拉（Leonhard Euler）發現七位數的質數之前，這個質數霸佔了王座長達一四四年的歲月。順帶一提，這位歐拉在四十年後，又發現了十位數的質數。到了一八七六年，愛德華．盧卡斯（François Édouard Anatole Lucas，1842～1891）發現了三十九位數的質數，但這已經是人工計算的最大質數。

直到二〇一九年年八月為止，實際發現的最大質數是約二四八〇萬位數的超大質數，而這個質數是由 GIMPS（Great Internet Mersenne Prime Search）這個電腦專案於二〇一八年發現的。

GIMPS 是透過網路讓全世界的電腦連線，藉此以虛擬的方式架構一台高性能電腦，而這種技術又稱為分散式運算。

這個專案是於一九九六年在麻省理工學院取得電腦科學學位的喬治．沃特曼（George Waltman，1957～）開發軟體，再公開軟體之後啟動。一開始只使用透過電子郵件委託別人判斷是否為質數這種原始的手法，現在則利用能一秒執行兩兆次運算的美國 ENTROPIA 公司的系統判斷質數。不管是誰都能參與 GIMPS，參加者可從網路下載免費軟體，協助尋找質數。對於發現巨大質數有興趣的讀者不妨參加這個專案。

第2章

不可思議的天才數學家

歐美菁英的必讀書籍《幾何原本》與歐幾里得之謎

令人驚訝的暢銷書籍《幾何原本》

大家聽過古希臘的歐幾里得所著的《幾何原本》嗎？

《幾何原本》既是西元前三世紀所編的最古老數學教科書，也是直到一百年前之前，全世界通用的高中教科書，是令人驚訝的超級暢銷書。除了聖經之外，再沒有像《幾何原本》這樣流通廣泛，印刷冊數如此之多的書籍了。順帶一提，十五世紀古騰堡發明活版印刷術之後，第一本附有幾何學圖版的出版書籍就是它。

為什麼《幾何原本》會如此廣為流傳呢？因為這本書除了傳授數學知識，還介紹了能於所有領域應用的邏輯思考（logical thinking）。再沒有像《幾何原本》這種質量皆優的邏輯思考教學書籍了。換言之，要想培養邏輯思考能力，《幾何原本》就是最佳教科書。其實就算到了現代，其內容仍是歐美的菁英階級不可或缺的常識。

古希臘時代是以畢達哥拉斯、蘇格拉底、柏拉圖為主角，而繼承古希臘文化的歐美國家自古以來就十分崇尚邏輯思考。學校之所以會安排辯論課，為的也是學習邏輯思考。西方世界認為，比起素養與靈感，能否說服周遭的人，了解對立陣營的主張更加重要，也認為這些邏輯思考能力是擔任領袖所不可或缺的資質。

我曾有一段時間為了成為指揮家而前往維也納留學。明明維也納是以感性為重的音樂之都，但在歐洲演奏樂曲時，偶爾會覺得不管樂曲再怎麼嶄新、有魅力，也不像在日本那麼備受尊崇。為什麼將演奏化為言語這麼重要呢？因為要成為交響樂團的指揮家，就絕對需要具備邏輯思考能力。

【歐幾里得】

《幾何原本》寫了什麼內容？

在重視邏輯思考的文化受到如此重視的歐美國家，最理想的邏輯思考訓練教科書《幾何原本》當然會一直是必讀的教科書。裡面介紹的邏輯思考就是從定義、公理開始累積正確命題的方法。假設要以邏輯的方式思考事物，就少不了定義與公理，也不需要額外的事物。

讓我們進一步了解吧。「定義」就是詞彙的意義。如果用於討論的詞彙不夠精準，或是認知有誤，就不可能合理的討論。比方說，若打算討論「小孩不愛念理組」這個議題，結果一邊認為「小孩」是小學生，另一邊卻認為「小孩」是指國高中生、大學生的話，討論起來就不會在同一個頻道上。至於「公理」則是「大家都認同的前提」。

在討論是否該在搭乘電車時講電話這個議題時，有些人會認為「聽到別人講電話很吵，很不舒服」，有些人則可能會提出「如果講電話的音量不會超過面對面聊天的音量就沒問題」這類反駁。不過，若有人在討論這個議題的時候突然提出「為什麼不能造成別人的困擾」這種問題，恐怕整個討論會回到原點，所以在討論這個議題之前，雙方必須先認同「不能造成別人困擾」這個前提。

只要有些許有待商榷的部分，就不該做為前提，但為了更有效率、更有建設性地討論，就得在討論之前先達成共識，也就是先確認公理的合理性。至於「命題」則是可用來客

【何謂《幾何原本》】

- 僅次於聖經的暢銷書籍
- 奠定「邏輯思考」
- 對科學、哲學、藝術造成深遠的影響
- 直到19世紀爲止都是教科書

觀判斷真偽（正確或不正確）的事情。

比方說，「他的體重很重」無法客觀地判斷，所以不能成為命題，因為到底體重多重才能說是「重」，每個人的標準都不一樣。反過來說，「他的體重超過80公斤以上」就能從客觀的角度判斷真偽（不管誰來判斷都一樣），所以這就是命題。假設這裡有下列的「證明」。

①在X公司上班的員工的年收入若高於日本人的平均年收入，則這些員工都在40歲以上

↓

②在X公司上班的A先生年收入很高

↓

③A先生的年齡超過40歲

日本人的平均年收入（日本國稅廳的民間薪資調查指出，平成三十年的日本人平均年收入為四四一萬日圓）只要稍微調查一下就能取得資料。所以①是能夠客觀判斷真偽的命題，所以姑且判斷為正確，但即使如此，就能從①與②得出③的結論嗎？眾所周知，答案是「NO」，因為從②的敘述來看，無法客觀判斷A先生的年收到底「有多高」。

A先生有可能是二十幾歲的年輕人，年收入也超過了二十幾歲年輕人的中位數（約三百萬日圓），但是有可能未達所有國民的平均年收入，所以無法就此斷言③是正確的。

定義↓公理↓命題↓結論

不依賴直覺或靈感，而是透過不斷地討論得到更深入的洞見，正是邏輯思考的真髓，但只有「正確的命題」才能不斷地討論與累積成果。不斷地討論不算命題的問題，或是錯誤的命題（偽命題），無法得到符合邏輯的結論。

一般認為，第一位提出定義↓公理↓（正確的）命題↓結論這種邏輯思考方法的是哲學家柏拉圖。歐幾里得則是在柏拉圖的教導之下，寫了幾何學的數學教科書，而這本教科書就是《幾何原本》。不過，歐幾里得並非整理自己發現的事實。他最大的功勞是根據柏拉圖的邏輯思考方法替畢達哥拉斯以及他的弟子發揚光大的幾何學，建立簡單易懂的體系。就這層意義來看，與其說歐幾里得是獨樹一幟的數學家，不如說他是優秀的編輯。

歐幾里得是編輯群的筆名？

日本於西元二〇〇〇年前後出版了《思考與寫作的技術》（考える技術・書く技術，Diamond社）與《邏輯思考的技術（經典紀念版）》（ロジカル・シンキング，中文版為經濟新潮社出版）之後，這兩本暢銷書讓「邏輯思考」這個詞彙進入大眾的視野。在年代從平成進入令和，AI與機器學習席捲全世界的現代，邏輯思考力可說是越來越重要。

不過，我覺得邏輯思考在日本的普及程度還不如歐美國家。我認為這與日本人沒讀過《幾何原本》也有一定程度的關係。

《幾何原本》是一本讓混沌不明的各種數學定理（定理：常於得到證明的命題所使用的內容）變得簡單易懂的名著，但對我們現代人來說，應該還是艱澀難懂。如果大家有興趣了解《幾何原本》到底是怎麼的書籍，可參考拙著《「邏輯力」帶給想成為交響樂團的女高中生的奇蹟》（オーケストラの指揮者をめざす女子高生に「論理力」がもたらした奇跡，實務教育出版），這本書是以對話的方式描述想成為職業指揮家的女高中生如何透過《幾何原本》培養邏輯力與一步步達成夢想的過程。

【邏輯思考的方法】

定義

將「旁邊有人的狀態」
假設爲「聽得到別人說話的狀態」。

↓

公理

不能造成別人的困擾。

↓

命題①

如果一直隱隱約約聽得到別人聊天的內容，
就會不知不覺地想要知道聊天的內容（文本），
注意力也會分散。
（這在心理學稱爲「認知機能被截斷」）

↓

命題②

人類遇到認知機能被截斷時，
就會陷入煩躁

↓

結論

如果身邊有人，就不該講電話。

歐幾里得是一位對後世造成深遠影響的作者，但我們不知道他的生卒年，對他的生平也幾乎一無所知。一說認為「歐幾里得」不是人名，而是編輯群的筆名。

唯一可確定的是，不管歐幾里得是人名還是團體名稱，都沒有半點沽名釣譽的野心，因為相較於同時代的偉人，歐幾里得除了數學之外，完全不做其他能夠讓自己名揚千里，流芳百世的事情。那麼，他為什麼要透過數學，一心一意地介紹邏輯思考，以及撰寫多達十三卷的《幾何原本》呢？

我認為這是因為歐幾里得認為，邏輯思考是了解「宇宙＝神」最理想、最強大的方法吧，也或許歐幾里得認為，人類總有一天能透過邏輯思考抵達那只憑直覺或靈感絕對無法抵達的境地與夢想，所以才覺得彰顯自己的名譽是多麼微不足道的小事吧。

擁有惡魔智慧的男人與賽局理論

被愛因斯坦譽為天才的男人

接下來介紹一位被阿爾伯特・愛因斯坦（Albert Einstein，1879～1955年）譽為「世界第一天才」的人物。這位男人名為約翰・馮・諾伊曼（John von Neumann，1903～1957）。

【約翰・馮・諾伊曼】

於一九〇三年匈牙利布達佩斯出生的諾伊曼（「馮」是出身貴族或準貴族的稱號），父親是銀行家，母親則是家境富裕的猶太裔家族。他自幼就展現了過目不忘的能力與語言能力，比方說，他能一字不漏地背出只讀過一次的書籍，也能以古希臘語與父親互開玩笑，是每個人眼中不折不扣的「神童」。

一九二一年，進入布達佩斯大學就讀的諾伊曼同時進入了柏林大學與蘇黎世聯邦理工學院就讀，成功取得數學的學位，以及毫無關聯性的化學工學學位。

從一九二七年開始，在柏林大學擔任了三年的講師，也因為發表了代數學、集合論、量子力學這些論文而聲名大噪。到了一九三〇年，他受到在當時為全世界最高研究機關的美國普林斯頓大學邀請，並在三年後成為該高等研究院的成員。當時的普林斯頓高等研究院十分歡迎被納粹迫害，不得不亡命天涯的猶太裔科學家，諾伊曼也因此有機會與愛因斯坦相識。

諾伊曼擁有驚人的運算能力，曾贏過當時還在草創時期的電腦，也曾在幾分鐘之內導出數學家朋友耗費三個月才算出的結論。由於他實在太異於常人，甚至有人認為他是外星人，為了澈底研究人類，才模仿人類的一言一行，但聽說他記不住家裡的餐具櫃放在哪裡，可見他完全不在乎那些他不感興趣的事物。

一九二六年的賽局理論

諾伊曼除了以研究數學為主業，也在物理學、計算機科學、氣象學、經濟學、心理學、政治學留下深遠的影響。在諾伊曼為數眾多的功蹟之中，最常被提到的就是他於一九二六年提出的「賽局理論」。

「賽局理論」就是「分析多位玩家選擇的各種戰略會對當事人與當事人的環境造成何種影響的理論」。簡單來說，就是告訴我們，當兩名玩家之間存在著利害關係，會產生何種結果，又該如何做出判斷的理論。賽局理論提及的「玩家」可以是國家、企業、組織，也可以是個人。

【奧斯卡·莫根施特恩】

賽局理論發表後，直到一九四四年，諾伊曼才與經濟學家奧斯卡・莫根施特恩（Oskar Morgenstern，1902～1977）一起透過《賽局理論與經濟行為》這本大作（日文譯本共分五本）將賽局理論整理成一套完整的系統，而這本書也在當時被譽為「二十世紀前半最偉大的功蹟之一」、「自凱因斯的一般理論以來，最重要的經濟學功蹟」。

儘管賽局理論的歷史還不到一百年，卻是已經廣泛在經濟學、經營學、政治學、社會學、資訊科學、生物學、應用數學以及各種領域應用的理論。

「囚徒困境」造成的衝擊

賽局理論的應用範例以「囚徒困境」最為有名。在此簡略地說明囚徒困境。假設眼前有兩個犯了大案的嫌犯，他們各自因為另外的小案而被捕。假設其中一人為囚犯A，另一人為囚犯B，而檢察官向這兩名囚犯提出了下列的認罪協商（嫌犯或是被告若揭露同犯的罪行，就能得到減刑或是不被起訴）。

①對方保持沉默，你自首的話，你能得到釋放
②對方自首，你保持沉默的話，你會被判處十年有期徒刑
③兩人都保持沉默的話，兩人都被判處一年有期徒刑（只因小案被判刑）
④兩個人都自首的話，兩人都被判處五年有期徒刑

此外，囚犯A與B被分開偵訊，無法得知彼此的行動。

讓我們先站在囚犯A的立場思考。假設囚犯B保持沉默，那麼囚犯A自首比較划算（可以得到釋放）。另一方面，如果囚犯B自首，那麼囚犯A自首比較划算（不然只有自己要被關十年）。

由於在任何情況下，都是自首比較划算，所以能夠得出囚犯A應該自首的結論。同理可證，囚犯B的情況也是一樣，最終兩人都會被判處五年的有期徒刑。不過，這個結果其實有問題，因為如果兩個人都保持沉默（兩個人都被關一年），能夠得到比兩個人都自首（兩個人都被關五年）更好的結果。

所謂的囚徒困境就是明明知道互相協助（都保持沉默）比互相背叛（自首）能夠得到更好的結果，但是當背叛者能夠得到利益的時候，就不會選擇彼此協助的困境。許多情況都能套用「囚徒困境」的理論，例如削價競爭，丟垃圾問題、核武持有問題，而囚徒困境顛覆了「每個人都做出合理的決策，社會就能正常運行」的社會常識，也對經濟學、社會學與哲學造成深遠的影響。

【囚徒困境】

囚犯B保持「沉默」的話

囚犯A

囚犯B / 囚犯A	保持沉默		自首	
保持沉默	A：1年	B：1年	A：10年	B：0年
自首	A：0年	B：10年	A：5年	B：5年

囚犯A應該「自首」

囚犯B「自首」的話

囚犯A

囚犯B / 囚犯A	保持沉默		自首	
保持沉默	A：1年	B：1年	A：10年	B：0年
自首	A：0年	B：10年	A：5年	B：5年

囚犯A應該「自首」

囚犯B的合理選擇

囚犯A的合理選擇

囚犯B / 囚犯A	保持沉默		自首	
保持沉默	更佳 A：1年	B：1年	A：10年	B：0年
自首	A：0年	B：10年	A：5年	B：5年

雙方皆合理選擇的結果

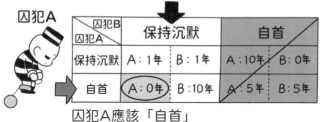

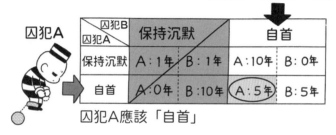

諾伊曼與原子彈

諾伊曼來到美國之後，便開始研究應用數學（能對現實社會做出貢獻的數學）。或許是因為他本身的愛國主義思想，從一九四〇年代之後，他便擔任衝擊波、爆炸波的專家，參與與戰爭有關的工作，也於一九四三年參與開發原子彈的曼哈頓計畫。

諾伊曼曾指出「大型炸彈在著陸之前就爆炸，才能造成更大的破壞」，而這套理論後來也運用於轟炸廣島與長崎的原子彈。

要預測炸彈的彈道與威力，就需要大量的計算，所以諾伊曼便著手開發電子計算機（電腦）。這台為了計算彈道而開發的電腦稱為ENIAC。儘管這台電腦的寬度達二十四公尺，高度達二點五公尺，深度達零點九公尺，總重高達三十噸（得六點五坪的房間才能擺得下這台電腦），但是計算能力卻不如現代的計算機，而且ENIAC每次重新進行計算時，都必須從零開始重新配置真空管與拉線，所以很難進行各種計算。

因此，諾伊曼提出在電腦內部安裝程式的方法，也奠定了電腦的基礎數學運算，軟體

（驅動電腦的程式）這個概念也因此誕生（電腦與周邊裝置這些能夠實際看到的機器則稱為「硬體」）。如此一來，只要改寫程式就能進行新的計算，也讓電腦變得更加通用。這種內建程式的電腦稱為諾伊曼架構，現代的電腦幾乎都是這種架構。此外，美國的電腦產業之所以能夠快速發展，普遍認為是因為諾伊曼的程式內建式相關文件向大眾公開的緣故。

一九五七年，諾伊曼於美利堅合眾國首都華盛頓 DC 過世。一說認為，諾伊曼之所以會罹患癌症，是因為在曼哈頓計畫以及核實驗的時候曝露在大量的放射線之下所導致。

天才的條件

由於諾伊曼擁有異於常人的能力，也是愛好政治與個性好戰之人（這與他是猶太人，討厭納粹主義或共產主義息息相關），所以曾被譽為「擁有惡魔智慧的男人」，但是他實際上又是怎麼樣的人物呢？

我這輩子曾遇過多位「天才」，比方說，我有位學力卓越的同學，順利考上了東京大學三類組（醫學部），也認識在與灘、開成這兩所學校齊名的筑駒（筑波大學附屬駒場高中）被稱為「筑駒有史以來的天才」的男人，或是在東大理學部成為當時最年輕的教授的朋友，此外，也實際接觸過在音樂或舞台藝術被稱為跳脫框架，無法定義的「天才」。

雖然這些天才的個性都十分鮮明，卻都具有共通的資質。分別是

①擅長分析事物的本質

②學習速度異於常人

③語言能力優異

④坦率

這四點。我認為這就是成為「天才的條件」，但不知道是否也適用於諾伊曼……。

天才橫空出世

英國物理學家艾薩克・牛頓在某次成就得到盛讚時曾說：「如果說我看得比別人遠，那是因為我站在巨人的肩上。」這真像是偉大的科學家會說的自謙之詞。不過，只要爬梳牛頓力學背後的物理運動法則的發現過程，就會知道這是他的肺腑之言。

我認為正因為尼古拉・哥白尼（Nicolaus Copernicus，1473～1543）、伽利略・伽利萊、約翰尼斯・克卜勒（Johannes Kepler，1571～1630）、克里斯蒂安・惠更斯（Christiaan Huygens，1629～1695）這些巨人，以及名不見經傳的物理學家秉持著「解開宇宙真理」的強大信念，一棒接一棒地傳承知識與經驗，牛頓才得以建立「牛頓力學」這座古典物理學的金字塔。

一般認為，就算沒有愛因斯坦，愛因斯坦的相對論也一定會在十～二十年之內由其他人發現，因為在發現這些真理的過程之中，存在著某種邏輯或是歷史的必然性。不過，由享有「印度魔術師」美譽的斯里尼瓦瑟・拉馬努金（Srinivasa Ramanujan，1887～1920）所發現的大量公式卻看不見這種必然性。如果沒有拉馬努金的話，恐怕還有許多公式到現在都還沒被發現。

【斯里尼瓦瑟·拉馬努金】

與某本數學書籍的相遇

拉馬努金於一八八七年在位於南印度鄉下埃羅德的母親老家出生，父親是在庫姆巴科納姆這座小鎮的布料商公司擔任會計。溫良賢淑的母親篤信印度教，甚至會在家裡舉辦祈禱會。拉馬努金的家庭是正統的婆羅門（在印度教種姓制度之中，身份最高的種姓），所以拉馬努金不僅擁有身為婆羅門的驕傲，從小就恪守不吃肉，不吃魚、不吃雞蛋的素食主義。自幼就在學業展現超凡才能的拉馬努金在十三歲的時候，就已經通曉大學生使用的三角學與微積分的教科書。

讓拉馬努金人生確定方向的是英國數學老師喬治・卡爾（George Shoobridge Carr）所著的應考數學公式集錦《純數學概要》。這本書非常枯燥無趣，只是將六千多個在大學一年級學習的定理與公式，依照標題排列而已，但是拉馬努金卻埋首於確認如此大量的公式。公式集錦的定理或公司通常只有簡單的註釋，沒有任何類似證明過程的內容，所以要想確認這些公式是否正確，就必須找出屬於自己的方法，但其中也有不少找到新定理的提示。

拉馬努金在筆記本寫下了自己「發現」的定理或公式。這本筆記本在經過多次整理之後，整理成三本，而這三本「筆記本」目前收藏於馬德拉斯大學。只不過，這三本「筆記本」只記載了定理或公式的結果，沒有提及任何證明過程。

由於拉馬努金幾乎都是以自學的方式學習數學，所以這本「筆記本」的內容大概只有三分之一是已知的內容，其他的都是前所未見的定理或公式，而且數量居然多達三二五四個，其中還包含最近才開發或是不使用最新的手法就無法證明的定理或公式。一直等到拉馬努金過世七十七年之後，這本「筆記本」記載的所有定理與公式才都得到證明。比方說，以無窮級數（無限延續的數的總和）呈現的圓周率（圓周率會於第五章的〈人類探索圓周率〉進一步說明），就能利用拉馬努金的公式以驚人的速度算出實際值（3.141592……），更驚人的是，只計算開頭的兩個數，就能算出小數點以下第八位數的圓周率值。

另一方面，與牛頓齊名，且享有「微積分學之父」美譽的德國數學家哥特弗利德·萊布尼茲（Gottfried Wilhelm (von) Leibniz，1646～1716）提出了一個計算圓周率的公式。然而，即使計算到公式的第五百項，也只能得到精準度達小數點第三位的圓周率，兩者的差距果然如計算結果所示，精準度是完全不同的次元。次頁列出了這兩個公式。光看外表就能發現，拉馬努金的公式非常複雜，不禁讓人覺得，這到底是什麼公式。順帶一提，拉馬努金的圓周率公式直到他死後的六十年（一九八七年）才被證實是正確的，

【哥特弗利德·萊布尼茲】

這也讓圓周率的計算變得更加快速，可精準算出的位數也多出不少。曾有人問拉馬努金，你的靈感到底從何而來，結果拉馬努金回答：「說出來或許你不相信，但這一切全都是納瑪姬利賜予的靈感。」

此外，他也曾說：「一個方程式對我沒有意義，除非它傳達了神的旨意。」由拉馬努金發現的定理或公式如今已於粒子物理學、宇宙論、高分子化學、癌症研究以及各個領域做出貢

【兩個圓周率公式】

萊布尼茲的圓周率公式

$$\frac{\pi}{4}=1-\frac{1}{3}+\frac{1}{5}-\frac{1}{7}+\cdots\cdots=\sum_{n=0}^{\infty}\frac{(-1)^n}{2n+1}$$

拉馬努金的圓周率公式

$$\frac{1}{\pi}=\frac{2\sqrt{2}}{99^2}\sum_{n=0}^{\infty}\frac{(4n)!(1103+26390n)}{(4^n 99^n n!)^4}$$

π=3.14159265358979323846

獻。普林斯頓高等研究院的理論物理學者弗里曼・戴森曾說：「研究拉馬努金變成重要的課題，因為大家已經知道他的公式不僅美麗，還具有相當的內涵。」

每天早上半打的「新定理」

進入一九一三年之後，拉馬努金從「筆記」挑出一些公式，然後寫成信，寄給宗主國英國的一流數學家。其中一人就是在當時為英國數學會中心人物的劍橋大學戈弗雷・哈代（Godfrey Harold Hardy，1877～1947）教授。

哈代與同事約翰・李特爾伍德花了三小時詳讀信件上面那些未知的公式後，得出寫這封信的人絕對是天才的結論，隔年拉馬努金便被延攬至劍橋大學，與哈代一起研究。

根據哈代後來的說法，「拉馬努金每天早上都會帶著半打的新定理出現」，哈代也再三指導拉馬努金替這些「新定理」加上證明。不過，未曾接受正統數學教育的拉馬努金完全不懂何謂證明。想必這是因為對拉馬努金來說，自己提出的定理幾乎都是「女神賜予的寶物」，也就是「親眼所見之物」吧。要求拉馬努金證明這些新定理，就像是看到UFO的人被沒看過UFO的人要求證明「UFO存在」一樣困難。哈代到最後便不再要求拉馬努金證明新定理，而是將證明這些「上天所賜」的定理當成自己的工作。

在兩個人的研究成果之中，最值得一提的就是分割數的近似式。所謂的分割數是指能將自然數拆成幾種加總方式的數（包含自己）。以「4」為例，可拆解成4、3+1、2+2、2+1+1、1+1+1+1這五種加總方式，所以4的分割數是5。我們都知道，當原本的數越大，就越難算出分割數，不過，這兩個人得出的近似式卻擁有驚人的準確度（次頁介紹了這個公式，大家可以先翻過去看看）。

【戈弗雷・哈代】

【分割數】

（例）5的分割數

「5,4+1,3+2,3+1+1,2+2+1,
2+1+1+1,1+1+1+1+1」

總共能分割7種，所以5的分割數爲7。

分割數的近似式

自然數n的分割數會在n越大時，
越接近下列公式算出的數

$$\frac{1}{4n\sqrt{3}}e^{\pi\sqrt{\frac{2n}{3}}}$$

開創現代物理學的公式

不過，哈代與拉馬努金的合作並不長久。

拉馬努金不僅是素食主義者，也不吃婆羅門以外的人所烹調的食物，因為他認為這些食物都是不潔的，再加上他過於投入與哈代的共同研究，過著連續研究三十小時，然後連續睡覺二十小時這種不規律的生活，所以才在英國生活三年就患上重病。一九一九年，拉馬努金回國後，僅過了一年就過世，當時的他年僅三十二歲。

一九七六年，賓州州立大學的安德魯斯教授偶然發現拉馬努金回到印度

【卡爾·古斯塔夫·雅各布·雅可比】

之後留下的部分筆記。其中記載了被譽為「拉馬努金最高成就」的「mock theta 函數」，以及與這個函數有關的六百多個公式，這個發現被公認就像是發現了貝多芬第十號交響曲一樣。

「mock theta 函數」一開始被認為與德國數學家卡爾·古斯塔夫·雅各布·雅可比（Carl Gustav Jacob Jacobi，1804～1851）發展的「theta 函數」有共通之處，所以才被命名為「mock theta 函數」，但是拉馬努金寫在筆記本裡的「mock theta 函數」的公式到底有何意義，如今還有許多未解之謎。

「theta 函數」在現代物理學的「超弦理論」扮演了重要的角色，而「mock theta 函數」則被認為與宇宙的膨脹能量或是大統一理論（所有的力都能以同一套方式說明的理論）有關，今時今日的許多數學家與物理學家也都著手研究這個函數。

掌握無限的數學家的黑幕

無限有大小嗎？

我曾經聽過還在念小學的小朋友說：

「喂，你知道最大的數是多少嗎？」

「呃，我知道有『兆』這個單位，但是再大的數就不知道了……」

「蛤？你不知道喔？無限啊，就是無限！」

不過錯把無限當成「最大的數」其實是典型的誤解。我們不能將無限當成「一兆」這種有限的數看待。

關於這點，大村平在其著作《邏輯與集合的故事》（論理と集合のはなし，日科技連出版社）如此解釋——「將無限當成『超級超級大』的數，就等於在看到位於水平線彼方的天空之後，將這片天空當成『超級超級遠的海』一樣，簡直是牛頭不對馬嘴。」

人類從古希臘時代開始認真思考「何謂無限」這個問題。不過，畢達哥拉斯（西元前582～前496）、柏拉圖（西元前427～前347）、亞里斯多德（西元前384～前322）這些當代大哲學家（數學家）認為這個世界是有限的，將無限這個概念帶入討論之中，只會徒增混亂，所以討厭無限這個概念。

【畢達哥拉斯】

其實以世界的有限探討無限，的確會遇到許多不可思議的事情（不合理的事情）。比方說，這裡有一個只有自然數（1、2、3、……從1開始不斷延續的正整數）的群組A，以及只有平方數（自然數平方之後的數）的群組B。

那麼要問的是，到底是群組A的元素比較多，還是群組B的元素比較多呢？

【哪邊的元素比較多？】

$$A=\{1,\ 2,\ 3,\ \cdots\cdots,\ n,\ \cdots\cdots\}$$

$$\updownarrow \quad \updownarrow \quad \updownarrow \qquad\qquad \updownarrow$$

$$B=\{1^2,\ 2^2,\ 3^2,\ \cdots\cdots,\ n^2,\ \cdots\cdots\}$$

【伽利略・伽利萊】

若以有限的概念來看，當然會覺得群組A的元素比較多，因為群組A的元素是1、2、3、……這種沒有任何「缺漏」，緊密排列的自然數，相較於B的元素則是1、4、9這種跳階的值，所以當然會覺得群組B不過是群組A的一部分而已。不過，這兩組的元素其實「一樣多」。這是因為前一頁的圖已經告訴我們，這兩組的元素是兩兩一組的情況，也就是一一對應關係（一一對應關係會於第四章進一步說明）。

義大利數學家伽利略・伽利萊曾在《與兩種新科學相關的論述和數學論證》（Discourses and Mathematical Demonstrations Relating to Two New Sciences）針對這個話題提出「明明只有一部分，但就某種意義而言，個數卻是相等的。這聽起來很奇怪，但這就是有限與無限的差異。」這個結論。可說是人類首次了解無限的本質。

掌握無限的本質的數學家

德國數學家弗瑞德呂希・高斯也認為將無限視為數（與伽利略的意見一致）就會產生不合理之處，他認為無限只能以「無限放大」這種副詞的型態使用。

第一位從正面處理連伽利略與高斯都覺得棘手的「無限」的是創造集合這個概念的德國（在俄羅斯出生）數學家格奧爾格・康托爾（Georg Ferdinand Ludwig Philipp Cantor，1845～1918）。

數學世界的集合只代表「1～10這些整數的集合」或是「猜拳的手的集合」這種能夠透過某種定義明確判斷是否為夥伴的集合。比方說「美麗事物的集合」或是「美食的集合」就不能算是數學世界的「集合」，因為無法明確區分可放入集合的東西與不能放入集合的東西。由於90頁的群組B與自然數的集合（群組A）有一對一的關係，所以能夠加上編號，而這種集合又稱為可列集或可數集。康托爾認為可數集的元素與自然數集合的元素個數相同時，屬於「濃度一致」的情況，也將可數集的濃度命名為$\aleph_0$。

$\aleph$是希伯來文的第一個字母（康托爾是猶太裔）。不過，康托爾口中的濃度是英文「基數（cardinality）」的意思，與形容「食鹽水濃度」這類化學濃度（concentration）是兩碼子事。

比方說，集合{1、2、3}與集合{a、b、c}都有三個元素，此時可說成這兩個集合的「基數（cardinality）」（也就是康托爾口中的「濃度」）相等。換言之，有限集合的「基數（cardinality）」就是集合的元素個數。若問為什麼不譯成「個數」，是因為當集合為無限大的時候，使用個數算集合的元素就顯得不太自然。

與自然數集合的「基數」相等代表與自然數有一對一的關係。如果將某個無限集合C

【有理數與無理數的濃度不同】

自然數的集合

1, 2, 3, 4, 5, 6, 7, 8, ……

有理數的集合

$\frac{1}{1}, \frac{2}{1}, \frac{3}{1}, \cdots\cdots, \frac{1}{2}, \frac{2}{2}, \frac{3}{2}, \cdots\cdots, \frac{1}{3}, \frac{2}{3}, \cdots\cdots$

濃度 $\aleph_0$：

可列集（可數集）

自然數的集合

$\sqrt{2}, \sqrt{3}, \sqrt{5}, \cdots\cdots, \sqrt{2}-1, \sqrt{3}-2, \cdots\cdots,$

$\frac{1}{\sqrt{2}}, \frac{3}{\sqrt{2}}, \cdots\cdots, \frac{1}{\sqrt{3}}, \frac{2}{\sqrt{3}}, \cdots\cdots, \pi$(圓周率), ……

濃度 $\aleph_1$

【格奧爾格・康托爾】

【弗瑞德呂希・高斯】

（元素個數為無限的集合）的元素依序配置在數線的「1、2、3、……」的位置時，假設有多出來的元素，這些多出來的元素就必須配置在自然數之外的位置（例如0.5或是根號2的位置）。如此一來，當無限集合C的元素在數線排列時，就會與自然數混在一起，而且無限集合C的元素看起來會很混雜，而這就是為什麼將「cardinality」譯為「濃度」的理由。

我見亦不信

康托爾提到包含負數的整數或是有理數（分母與分子都是整數的分數）集合的濃度都是$\aleph_0$標示，也認為無理數（非有理數的數）集合的濃度比$\aleph_0$更濃，所以標示為$\aleph_1$。如此一來，直線的數、平面的數還是空間的數，濃度都是$\aleph_1$。因為這個結論而大吃一驚的康托爾曾在寫給朋友的信件之中提到「我見亦不信」這句話，後來也成為名言。

我永遠忘不了第一次知道「直線上的點的數量與平面上的點的數量相同＝無限的程度相同」這件事的時候有多麼震驚。當年還是高中二年級的我曾以東京都代表參與日本知名數學家廣中平祐主辦的「數理之翼研討會」。這個研討會讓全國各地喜歡數理的高中

【無限的濃度是？】

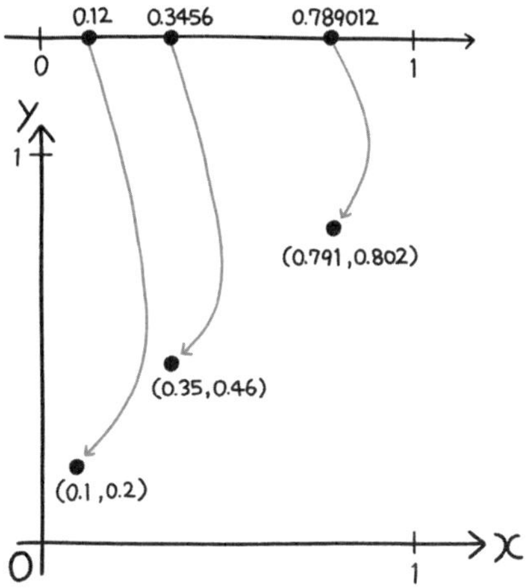

生一起住一週，並在這一週讓這些高中生接受來自國內外的研究學者的最新課程，對於高中生來說，這可說是夢寐以求的機會。對於當年的我來說，這些世界級研究學者的課程相當刺激與新鮮，也都是我不知道的主題。

「無限的濃度」就是其中一個主題，我還記得當時聽到的是下列這些內容。

如上方的圖所示，「0.12」這個在數線上的點能與座標平面的「0.1、0.2」這個點對應。同理可證，將小數點以下的奇數位依序放入 x 座標，同時將小數點以下的偶數位依序放入 y 座標之後，就會知道「0.3456」這個數線上的點，會與座標平面上的「0.35、0.46」對應。由於數線所有的點與平面所有的點之間，具有這種一一對應關係，所以數線的點（數）與平面的點（數）都是無限的，而且「濃度是一致的」。

至於這件事到底有多麼不可思議呢？我想大家只要稍微思考下面的例子就會知道為什麼了。

比方說，從日本全國的夫婦之中，請來所有住在東京都的男性（丈夫），以及住在全國各地的女性（妻子）。接著，請男性將自己的妻子帶回家。照理說，就算東京都的男性全走光了，現場應該還會有許多女性才對，因為東京都只是日本的局部地區，而且有許多女性是與住在東京都之外的男性結婚。不過，直線上的每個點與平面上的每個點之間有一一對應關係的意思就像是當東京都的男性全部走光，本該比男性人數多許多的女性也全部被帶走。在此之前，我都認為直線是點的集合，平面是直線的集合，所以當我知道直線的點與平面的點相同（＝濃度一致）時，當下真的很難接受，然而這個事實卻是無可反駁的。當下我也才明白，在無限的世界裡，有限世界的「常識」是不管用的。

無限的濃度不只是$\aleph_0$與$\aleph_1$。目前已知的是，隨時都能創造出比某個濃度更「濃」的無限集合。沒錯，在無限的世界裡，有無限多種無限（這種說法讓人覺得無限似乎是某種數，但這裡想說的是，無限的濃度有無限多種）。結論就是，無限並非「超級超級大的數」，而是無邊無際的無限世界裡不斷延續的無數個「數」的總稱，這個世界的規模之大，無法以有限世界的度量衡衡量。

偉大的數學家與弟子的對立

當集合這個概念誕生，「無限」才開始成為科學家討論的對象，換言之，康托爾等於在原本只有神學家才得以進入的伊甸園，為數學家開了一扇門，也是真正的數學先驅。

不過，這位天才的豐功偉業實在太過前衛，所以生前幾乎沒被認真看待，甚至還遭受不少數學家的批判與攻擊。令人大感意外的是，其中最為嚴厲的正是一手栽培康托爾的德國數學家利奧波德·克羅內克。

已於本書多次登場的克羅內克是十九世紀後半，足以代表德國的偉大數學家。克羅內克非常疼愛康托爾這位優秀的弟子，甚至幫助康托爾順利進入哈勒大學（位於德國東部哈勒市的大學）。不過，當康托爾開始研究無理數與無限之後，克羅內克就將這位過去萬分疼愛的弟子稱為「吹牛大師」、「毒害年輕人的傢伙」，可說是視康托爾如仇敵。

這是因為克羅內克深信探討整數無法呈現的數，或是不為有限的數沒有任何意義，更是斷言無法以整數的分數（有理數）呈現，且小數點以下的數呈不規則無限延伸的數，沒有討論的價值。

在一百五十年前帶領全世界的數學家居然不相信現代國中生必學的無理數，這實在讓人吃驚對吧？但這也代表要從數學的角度處理「沒有終點的東西」或是「無法窺見全貌的東西」有多麼困難，需要多大的勇氣。

晚年罹患抑鬱症的康托爾

在過去的恩師無情與固執的攻擊之下，康托爾的內心可說是傷痕累累。

另外還有一件事成為壓垮康托爾後半生的最後一根稻草。那就是「$\aleph_0$與$\aleph_1$之間，沒有別的濃度存在」這個「連續統假設」的證明。所謂的「連續統」是指填滿數線的實數（所有的有理數與無理數）集合，而「連續統假設」則是元素「多於」自然數，但「少於」實數的無限集合不存在的假設。

目前已經證實，我們「無法證明也無法反對連續統假設」，但是康托爾一直相信總有一天能夠證明連續統假設，也不斷地挑戰，卻不斷地失敗。由於連續統假設是無法證明的假設，所以康托爾會不斷地失敗也是理所當然的事，但這卻讓康托爾失去了身為數學家的自信。

在屢屢遭受克羅內克的批判，以及未能證明「連續統假設」的雙重打擊之下，讓康托爾的內心蒙上了一層陰影，最終也罹患了抑鬱症。最終，晚年的康托爾突然埋首研究英國史與英國文學，研究主題是證明莎士比亞的戲曲其實是由英國的法蘭西斯·培根（Francis Bacon，1561～1626）所寫的這個說法。

【大衛·希爾伯特】

德國數學家大衛·希爾伯特（David Hilbert，1862～1943）

曾說：「沒有人能夠把我們從康托爾創立的樂園之中驅逐出去。」

或許對康托爾來說，他透過理性與想像的翅膀，費盡千辛萬苦才飛抵的「無限世界」根本不是樂園，反是惡魔棲息的魔界吧。

證明不完備定理的完美主義者

「我是騙子」這句話是真還是假？

大家聽過「說謊者悖論」嗎？所謂的「悖論」是指從正確的前提或邏輯導出錯誤結論的問題。這種「說謊者悖論」最有名的例子就是某個人聲稱「我是騙子」的發言。這種說法聽起來好像沒什麼奇怪的地方，但仔細一想就會發現，這句話是矛盾的，因為這句話若是實話，就會得到下列這個結果

我是騙子↓「我是騙子」這句話是謊話↓我是誠實的人

明明這句話是以「我是騙子」這個前提開始，最後卻得到「我是誠實的人」這個矛盾的結論。反過來說，如果這句話是謊話，又會得到什麼結果呢？同理可證，會得到下列

的結論。

我是誠實的人↓「我是騙子」這句話是實話↓我是騙子

一樣會得到假設與結論互相矛盾的結果。因此，我們無法斷言「我是騙子」這句話的真假。一般來說，這種結構為「這句話是假的」的句子都無法判斷真假，而這就稱為「說謊者悖論」。其他還有「凡有規則必有例外」或是「不能在這堵牆壁張貼廣告」這種著名的例子。

【庫爾特・哥德爾】

話說回來，數學的世界也有這種說謊者悖論嗎？數學也有無法判斷真偽的命題（可客觀判斷真偽的事情）嗎？許多人都認為，在數學的世界裡，不是「被證明為真的事情」，就是「被證明為假的事情」。現在已知的是，的確有無法判斷真偽的命題，但有些人認為這是因為人類力有未逮，總有一天一定能分清是黑是白。

不過，有位人物卻證明了「在數學的世界裡，有無法證明真偽的命題存在」。他就是捷克數學家庫爾特・哥德爾（Kurt Friedrich Gödel，1906～1978）。

在十九世紀後半到二十世紀初期這段期間，數學界曾一度陷入混亂。源自圖形，最後發展為土木或航海技術的幾何學；以尋求未知事物為起點，後來演變成方程式論的代數學；計算圖形面積與釐清物理現象所需的微積分學；常用於治理國家的統計學；在賭博追求利益的機率論都橫空出世，蓬勃發展。簡單來說，這些理論混居於以數學為名的大樓之中。在這個時期，康托爾建立的集合概念大刀闊斧地整頓了數學界的秩序。

理髮師悖論

在集合論被推崇為現代數學靈感泉源的風氣逐漸高漲之下，被譽為「自亞里斯多德之後，最偉大的邏輯學者」，也就是英國邏輯學者伯特蘭·羅素（Bertrand Arthur William Russell，1872～1970）發現了藏在集合論之中的「羅素悖論」。其中最有名的例子就是下列的「理髮師悖論」。

某個小鎮只有一間理髮店，而這間理髮店只有一位男性理髮師。這位男性理髮師替自己設下了某個規則，那就是「替所有不自己剃鬍子的鎮民替鬍子，但是不幫自己替鬍子的鎮民替鬍子」。

【伯特蘭·羅素】

那麼，這位理髮師的鬍子由誰來剃呢？如果這位理髮師剃了自己的鬍子，就違背了「不替自己剃鬍子的鎮民剃鬍子」的規則，話說回來，如果不自己剃自己的鬍子，又違背了「替所有不剃自己鬍子的鎮民剃鬍子」的規則，換句話說，這位理髮師替自己設定了規則之後，害得自己沒辦法幫自己剃鬍子，也沒辦法不幫自己剃鬍子。

為了解決這個悖論，羅素與他的老師阿佛列·諾思·懷海德（Alfred North Whitehead，1861～1947）一起寫了三卷的《數學原理》。這本書根據集合論整合了數學已知的全貌，而且打算只以符號證明，這個概念可說是何等的偉大啊。令人意外的是，光是「1」的定義就快佔滿第一卷的所有版面。後續雖然加快腳步，陸續定義了更高階的數學概念，但最後只以「接下來能以相同的方式導出」（有點半途而廢的感覺）做為結尾。

集點未滿五個時的獎品是……

【阿佛列·諾思·懷海德】

剛剛稍微提到了「只以符號證明」這件事，但其實這也是羅素與他的老師一項偉大的成績。這件事的基礎就是接下來會介紹的「真偽表」。

比方說，你有一張集點卡，上面寫著「集點大於等於五個以上時，可得到獎品」的規則。在此將「集點大於等於五個」的情況設定為P，並將「可以得到獎品」的結果設定為Q，那麼讓我們一起思考P與Q各自的真偽與「P→（若）Q」的真偽會是何種關係。

①如果集點大於等於五個（P為真），而且可以得到獎品（Q為真）的情況符合命題（符合規則），所以「P→Q」為真。

②如果集點大於等於五個，卻無法得到獎品（Q為假）的話，違反了命題，所以「P→Q」為假。

③如果集點小於五個（P為假），也無法拿到獎品（Q為假），代表符合命題（符合規則），所以「P→Q」為真。

【真偽表】

	P	Q	P⇒Q
①	真	真	真
②	真	偽	偽
③	偽	偽	真
④	偽	真	真

到目前為止，大家應該都覺得很正常吧，但是最後的④卻很難讓人接受。

④明明集點小於五個（P為假），卻能得到獎品（Q為真）的話，有可能會被別人大罵「早知道就不要那麼拼命集點！」對吧？但是，一開始的命題（規則）沒提到集點小於五個時的情況（沒說不能拿到獎品），所以這個情況為真。

或許這聽起來有點像是在詭辯，但是當禮物多到發不完，主辦者將禮物發給集點未滿五個的客人，也不算違反開頭設定的規則。換言之，把③與④放在一起看就會發現，當集點未滿五個時（沒有任何規則），不管是否領到獎品，命題（規則）都為真。

「語義學式的方法」與「語法式的方法」

像①～④這種思考各種條件，再判斷命題真偽的方法稱為「語義式的方法」（semantics），但在利用語義學的方法判斷真偽時，總免不了受到詞彙本身的意思影響，有時候詞彙本身的意義不明的話，就很難非黑即白地判斷命題的真偽，這在追求完美的數學世界裡，不太受到歡迎。

因此，另外創造不會於日常使用的符號，再以這些符號撰寫命題的想法就應運而生。「真偽表」就是這個想法的第一步。只要使用「真偽表」就能不假思索地判斷各種命題的真偽。最後就能像是利用符號進行「計算」的方法，證明命題的真偽，而這種方法就稱為「語法式的方法」（syntax）。

語法式的方法不需要考慮意義，只需要依照既定的規則進行形式上的證明即可。只要確定規則就能自動一步步完成證明，所以該注意的是開頭的公理（前提）。如果公理本身是矛盾的（錯誤的），就會自動得到錯誤的結論。

用於證明數學題目的語法式的方法由英國的喬治．布爾（George Boole，1815～1863）與德國數學家戈特洛布．弗雷格（Friedrich Ludwig Gottlob Frege，1848～1925）整理成完整的體系，也被視為是拜羅素所寫的《數學原理》所賜才得以完成的成就之一。

哥德爾的「不完備定理」

德國數學家大衛．希爾伯特繼承了羅素的雄心壯志，也想以集合論為基礎，建立沒有任何悖論的完美數學。希爾伯特認為要建立完美數學，需要具備下列兩個要件。

①無法以語法式的方法證明真偽的數學命題不存在

②於《數學原理》提出的公理系統沒有矛盾

①稱為「完備性」，②稱為「一致性」。

不過一如前述，①已被哥德爾否定，也就是說，在一個體系之中，以語法式方法進行形式證明時，有「無法證明真偽的命題存在」。這被稱為「哥德爾第一不完備定理」。

【喬治・布爾】

【戈特洛布・弗雷格】

至於②的部分，則可根據這個第一不完備定理導出「在公理系統之中，無法證明該公理系統一致」的結論，而這稱為「哥德爾第二不完備定理」。

哥德爾的不完備定理非常難以證明（老實說，我不覺得自己百分之百理解），如果要說明的話（就算只是說明重點），恐怕可以寫成一本書，所以讀者若是有興趣，我推薦閱讀《不完備定理到底是什麼？》（不完全性定理とはなにか，竹內薰著，講談社 Bluebacks）。這本書簡單易懂地介紹了艱澀程度不下於相對論或量子論的這個理論，而且也為了想進一步學習的人，介紹了不少有用的參考書籍。

本書則選擇跳過中間說明的部分，直接介紹「哥德爾第一不完備定理」的結論。簡單來說，哥德爾第一不完備定理就是思考自然數系統的形式化語法式方法（若是其他數的系統，就有可能無法否定完備性）之後，會發現「這個命題無法證明」的命題存在。如果是腦筋動得比較快的讀

【何謂「不完備」】

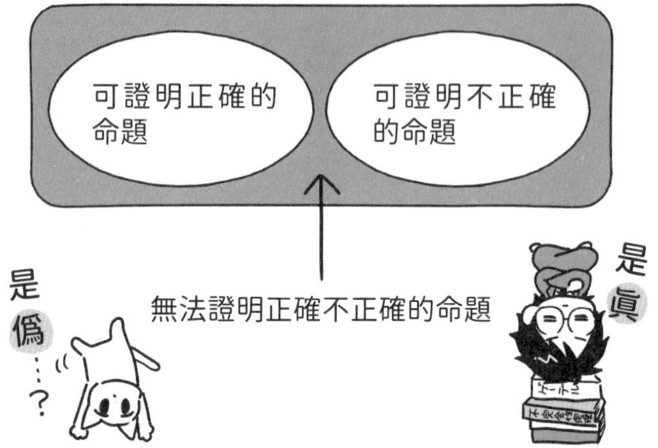

者，應該已經發現了，這跟本章開頭的「我是騙子」的「說謊者悖論」是完全相同的結構，意思是，無法肯定或否定這個命題。

或許是因為哥德爾不完備定理的名稱過於震撼，導致這個名稱自行衍生出不同的意思，比方說「數學有錯這件事已被證明」或是「人類的理性有其極限」這種聽起來好像很正確的意思，但其實這完全是誤解。

這裡的「完備性」只有108頁的①的意思。若以圖解說明「哥德爾不完備定理」，那麼「哥德爾不完備定理」不過就是在說位於前一頁圖中灰色區塊的命題存在這件事而已。數學當然不會因為這個定理而出現錯誤，也不會出現之前大家都認為是正確的事情，結果其實是錯誤的這種情況。

完美主義者的晚年

進一步來說，當哥德爾提出形式化語法式方法的證明方式具有「不完備」的特性之後，讓後續的數學、邏輯學與計算機科學都有了長足的進步，因為電腦之所以能夠理解命令，做出判斷，就是一種形式系統。尤其奠定電腦的基礎，以及被譽為「人工智能之父」的艾倫．圖靈（Alan Mathison Turing，1912～1954）也深受哥德爾的影響。

在此介紹一個趣事。哥德爾發表「第一不完備定理」的時候，先前介紹過的諾伊曼也在現場。諾伊曼當場就了解如此艱澀難懂的理論，也與哥德爾在差不多的時期獨力導出「第二不完備定理」，真不愧是天才啊。諾伊曼為了向哥德爾表示敬意，故意不發表第二不完備定理，只是為了讓哥德爾知道自己所得的結論，準備寫信告知他，沒想到在寄信前三天，就知道哥德爾的「第二不完備定理」的論文已被受理。據說諾伊曼一輩子都很尊敬早自己一步發現第二不完備定理的哥德爾（話說回來，因為哥德爾是先開始研究的人，會領先諾伊曼也是理所當然的吧……）。

【艾倫．圖靈】

哥德爾快四十歲的時候，為了逃離納粹對猶太人越來越殘酷的迫害，與妻子阿黛爾（Adele）流亡至美國。他的保證人就是愛因斯坦。據說在當時要獲得美國的公民權需要接受與美國憲法有關的面試，而哥德爾在面試當天向周圍的人說他發現美國有可能合法地轉型為獨裁國家，害得愛因斯坦陷入慌張。

哥德爾是完美主義者，也很神經質，尤其到了晚年，更是變本加厲。除了只吃阿黛爾準備的食物之外，害怕被毒氣暗殺的他，連冬天都讓房間的窗戶一直開著。最後因為阿黛爾住院而絕食，甚至因此餓死。據說哥德爾病死的時候，體重只有 29.5 公斤而已。

第3章

不可思議的藝術性

數學之美蘊藏於內在的快感之中

如果數學不美的話……

作曲家柴可夫斯基曾說過下列這番話。「如果數學不美麗的話，恐怕數學就不會誕生了吧。人類最聰明的天才之所以會被如此艱澀的學問吸引，除了美麗之外，別無其他了吧。」

如果你聽到「數學很美麗」會做何感想？會深有同感嗎？還是覺得哪有這回事？順帶一提，我覺得數學很美。翻開廣辭苑，查詢「美」的解釋，會找到「刺激知覺、感覺、情感，誘發內在快感的事物」這條內容。那麼，究竟是數學的什麼誘發了「內在快感」呢？我認為這與下列四種數學性質息息相關。

①對稱性
②合理性
③意外性
④簡潔度

關於①對稱性的部分

如果東京鐵塔或是富士山不是左右對稱的形狀，應該就不會吸引那麼多人了吧？在數學的世界裡，把對折之後能夠完美重疊的圖形稱為線對稱圖形，以某個點為中心，讓圖形旋轉一百八十度之後，能與旋轉前的圖形完美重疊的形稱則稱為點對稱圖形。此外，在對調文字之後，仍與原本的公式一致的公式稱為對稱多項式。我覺得當圖形與公式具有對稱性，人們自然而然會覺得這些圖形或公式「好美啊」。

關於②合理性的部分

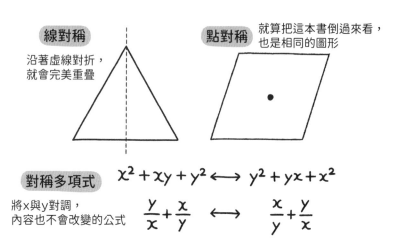

【對稱】

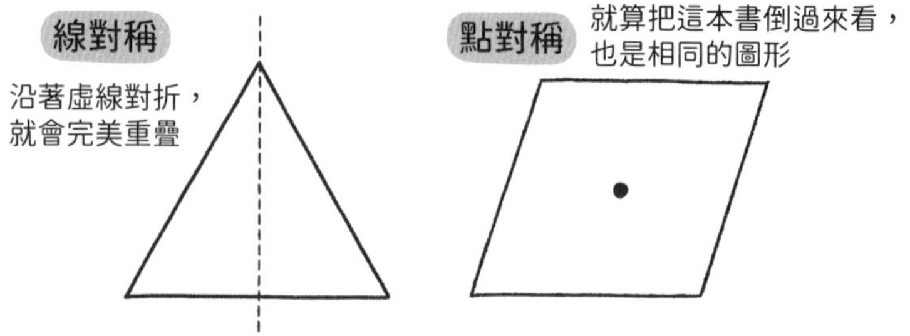

線對稱
沿著虛線對折，
就會完美重疊
點對稱
就算把這本書倒過來看，
也是相同的圖形

對稱多項式

將x與y對調，
內容也不會改變的公式

$$x^2+xy+y^2 \longleftrightarrow y^2+yx+x^2$$

$$\frac{y}{x}+\frac{x}{y} \longleftrightarrow \frac{x}{y}+\frac{y}{x}$$

雖然有點唐突，但大家是否聽過「燕子低空飛行時，代表快要下雨了」的說法？我們很常透過日常生活的自然現象預測天氣，也常常覺得這是一種生活智慧，但其實這種方式是有其道理的。當降雨的低氣壓接近後，含有大量水氣的空氣會流到地表附近，昆蟲的翅膀會因為空氣太過潮濕而變重，沒辦法飛得太高，而以這些昆蟲為餌食的燕子為了吃這些昆蟲才會低空飛行。

在聽到我這些合理的解釋之後，許多人除了覺得「原來如此」，也會覺得「很爽快」。我知道不是每個人都有一樣的感覺，但是由古希臘歐幾里德所寫的《幾何原本》所奠定的「邏輯思考」之所以能夠代代相傳到現代，我覺得一定是有不少人

【問題】

請試著求出下圖之中的x有多長

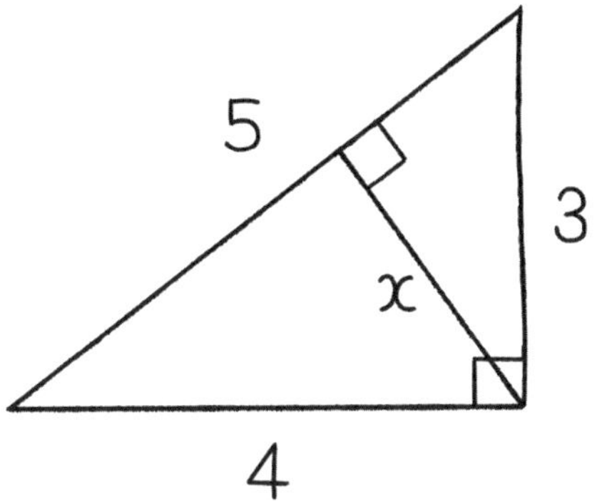

從邏輯思考的合理性得到「很爽快的感覺＝內在快感」。

我之所以喜歡合理性，除了合理之外，還有其他理由，那就是路徑不同也能得到相同結論這點。比方說，你看到上方這張圖的問題，而解答這個問題的方法不只一種。光是隨便想一下就能找到很多種解法，例如119頁以兩種方式分析面積的解法，或是利用圖形的相似（不管大小，只管形狀的意思）解題的方法。

所謂的合理性就是不管是誰，都能得到相同結論的意思（思考過程符合邏輯的話），而且誰都能自由地選擇不同的思考方式（只要符合邏輯），這也是讓我覺得開心的部分。

假設你常去某間料理教室，而那裡的老師不太講理，總是希望學生都照著他的指令去做，連洗菜、切菜、秤量食材分量的方法，還是放調味料的順序，都要干預，而且不允許其他的方法，只要稍微錯誤就會大發雷霆。除此之外，就算是相同的料理，這位老師每天的指令也不盡相同，這讓學生很受不了，總是得看老師的臉色，也常常在這間料理教室承受很多壓力。

料理教室的老師若是講理的人，應該會認同各種不同的方法。其實要煮出美味的料理，方法不只一種才對。說不定有些方法能煮出比老師準備的食譜更美味的料理。

如果老師是個講道理的人，就會願意接受這些方法，甚至還會誇獎學生。這種料理教室肯定會讓人覺得很開心，也會讓人期待「下次還要嘗試什麼新的方法呢？」所謂的合理性能幫助思考變得自由，能夠轉化為「內在快感」。

關於③意外性的部分

數學學久了，常常會發現一些令人意外的事實。比方說，讓奇數像1＋3＋5＋……

【解法】

【解法1】著眼於面積的解法

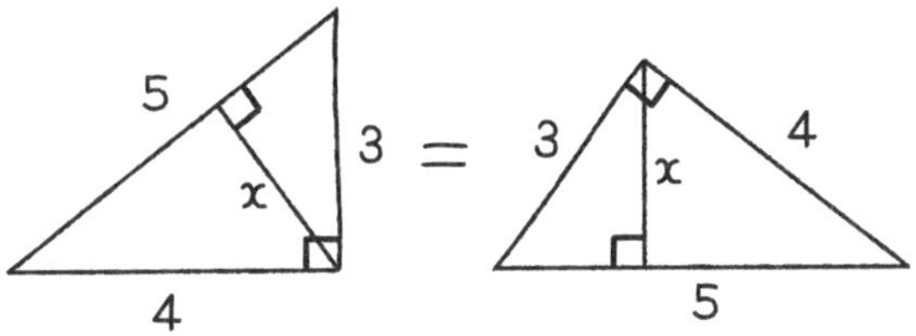

將斜邊（長度為5的邊）當作底邊，這個直角三角形的面積也不會改變，所以底邊×高×$\frac{1}{2}$，可得到

$$4\times 3\times \frac{1}{2}=5\times x\times \frac{1}{2} \Rightarrow x=\frac{12}{5}$$

【解法2】利用相似三角形的方式解題

在下圖之中，△ABC與△ADB相似（形狀相同），所以

$$AC:CB=AB:BD$$
$$\Rightarrow 5:3=4:x$$
$$\Rightarrow 5x=12$$
$$\Rightarrow x=\frac{12}{5}$$

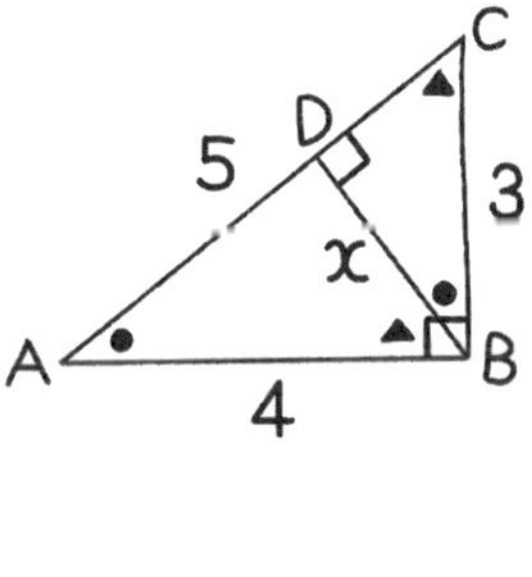

【不管在哪裡停下來，都會得到平方數】

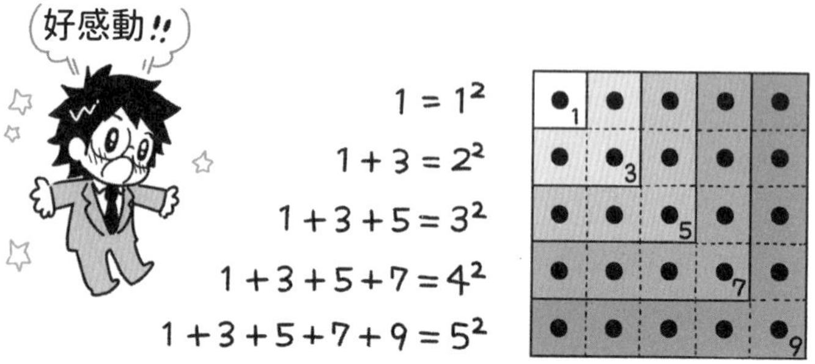

讓排列成正方形的「●」呈反L型排列時，追加的「●」一定會是奇數，最終這些「●」一定又會排列成正方形。

這樣一直加總下去，然後不管在哪裡喊停，一定都會得到平方數（整數的二次方的數），但很多人卻沒辦法立刻接受這個「理所當然」。順帶一提，只要看了上方的圖，大家應該就能了解箇中原理。讓奇數像1＋3＋5＋……不斷加總之後，等於是在上圖的「1」之上不斷加入反L字的部分，這樣組成的圖形一定會是正方形，所以有「●」的數一定是平方數。透過邏輯了解這種一開始沒辦法直覺接受的事情之後，會讓有種「哇，好痛快啊」的感動，這也是「內在快感」的一種。反之，若有人不厭其煩地跟你說明你從一開始就覺得是理所當然的事情，你說不定會覺得很無聊，至少不會覺得很痛快。

一如先前所述，集合論之父康托爾難以

接受自己的發現，也寫了封「我見亦不信」的書信給朋友：就算有人在不斷地思考數學，得到了令人意外的事實，因此湧現「內在快感」，同時從這份快感感受到「美麗」，也沒什麼好大驚小怪的。

關於④簡潔度的部分

或許數學讓人覺得好美的最大理由就是它的「簡潔度」吧。大家聽過「Less is More（少即是多）」這句話嗎？這是設計業界由來已久的名言，最初是羅伯特．白朗寧這位十九世紀的英國詩人在他的著作中使用的詞彙，意思是，所謂的設計不該是花俏的裝飾，簡潔才是最佳設計的意思，這與「Simple is Best（簡單就是最好）」有異曲同工之妙。

李奧納多．達文西（Leonardo da Vinci，1452～1519）曾說過：「簡單是究極的洗練」這句話。此外，被譽為 J-POP 傳說的桑田佳祐也曾在某次採訪提到：「真正好聽的歌曲，只需要一把吉他就能演奏。」要追上一時的流行，或許得加入各種元素。但是，若想追求超越時代的普世之美，我覺得就得重視簡潔性。

【金門大橋】

參考：pixabay（https://pixabay.com/ja/photos/ サンフランシスコ-3394454）

比方說，舊金山的金門大橋（上方圖）雖然是於八十幾年前建造的，如今仍常常被譽為「全世界最美麗的大橋」。它那美麗的姿態讓人不禁覺得，如果從它身上拿走任何元素，恐怕這座橋就無法存在。

在二十世紀後半帶領日本工業設計的柳宗理（1915～2011）也形容這座橋「貫徹了減法美學」。看來，單純與簡潔肯定與普世之美有關。對於數學家、科學家而言，想要解開宇宙共通真理是最根本的動力，他們也相信這個共通真理十分簡潔與美麗。到目前為止，數學家發現的定理或公式通常很簡潔。在此為大家介紹一個例子。

【歐拉多面體定理】

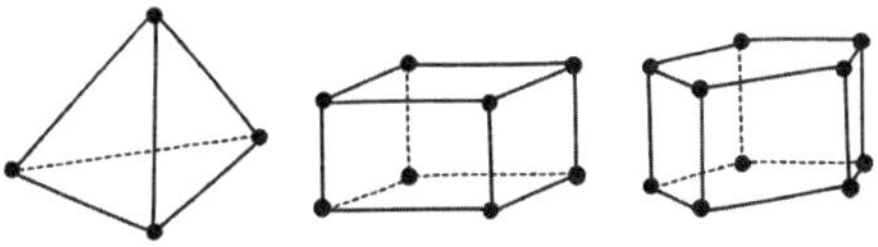

	頂點(Vertex)	邊(Edge)	面(Face)	V-E+F
四面體	4	6	4	2
長方體	8	12	6	2
五角柱	10	15	7	2

不管是哪一種多面體，

$$V - E + F = 2$$

頂點數　邊數　面數

這個公式一定成立。

計算空間之中的立方體的頂點、邊與面，並將凸多面體（沒有凹陷的多面體）的頂點（vertex）數設定為V，邊（edge）數設定為E，面（face）數設定為F，就能得到「V-E+F=2」這個非常簡潔的公式（參考上方的圖）。這就稱為「歐拉多面體定理」。像這種乍看之下很複雜，但本質其實很簡單的數學非常常見。這份簡潔總伴隨著共通的真理，也讓人感到美麗。對數學的嚮往之心，與想要變得美麗的心願非常相似。要變得美麗，就得擁有能感受美麗的心；對數學有所嚮往，就得培養能夠感受數學的美好與美麗的感性。

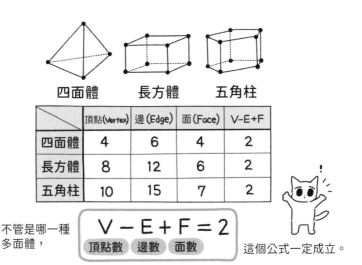

數字也有人格？

不管是誰，應該都有特別喜歡的數字，例如自己的生日或是莫名喜歡的數字，又或喜歡的運動選手的背號，我的話，特別喜歡「8」，理由是漢字的「八」有越走路越寬的好兆頭，而且我小時候非常喜歡打棒球，當時最喜歡的選手是巨人隊的原辰德，他的背號也是8。

順帶一提，8的前一個數字「7」常被譽為幸運數字，也受到許多人喜愛，但我覺得7是一個高處不勝寒，讓人只敢遠觀的數字，散發著一種離世獨居的氣氛。另一方面，8的下一個數字「9」則讓人覺得雖然不是很親切，卻很值得依賴，一旦遇到危機，它就會前來相助。

我對數字都有不同的感覺，但這些感覺都是在不知不覺之間萌生的，不是我硬將某種人格套在這些數字頭上。寫到這裡，或許大家會覺得我是個怪人，但是當我問了問其他人，發現對數字特別有感覺的人應該都是這樣。就算每個人對於數字的感覺都不同，但很少會覺得「7」、「8」、「9」這三個數字給人相同的印象。喜歡音樂的人能聽得出演奏的優劣，喜歡料理的人，能嘗得出細微的鹹味差異或是火候的不同，同理可證，喜歡數字的人，也能敏銳地分辨數字的人格。

畢達哥拉斯的發現

古希臘時代的畢達哥拉斯與一大群學生一起散步時，發現某些鐵匠打鐵的聲音很悅耳，有些卻很刺耳，於是畢達哥拉斯便立刻拜訪鐵匠，調查聲音的差異。

結果發現，這些鐵所使用的鐵槌在重量上各有不同。進一步調查之後，更是發現了一個令人意外的事實，那就是打鐵的聲音若是很悅耳，鐵槌的重量比例會是「2：1」或「4：3」這種簡單的整數比。

不難想像，畢達哥拉斯與弟子在知道這個事實之後非常驚訝與感動。沒想到人類覺得自然美麗的音程（兩個音的高低差異）居然能夠透過簡單的整數說明！想必畢達哥拉斯一定覺得自己找到了上帝開的小玩笑吧。就算把上帝用來「開玩笑」的數字（整數）當成神諭也沒什麼好奇怪的。

使用加總之後的生日數字占卜

其實畢達哥拉斯與他的弟子認為「萬物的根源就是數」，也篤信整數為上帝，最終也發展成另外替1～10這十個數字賦予意義的「畢達哥拉斯數祕術」。數祕術是與西洋占星術、易學齊名的占卜術之一，除了畢達哥拉斯數祕術之外，又以卡巴拉數祕術最為出名。雖然到了現代已衍生出不同的流派，每派賦予數字的意義也都不同，但畢達哥拉斯賦予的意義如下。

1：理性　2：女性　3：男性　4：正義、真理　5：結婚

6：戀愛與靈魂　7：幸福　8：本質與愛

9：理想與野心　10：神聖的數

最常見的畢達哥拉斯占卜術就是加總出生年月日的數字，再將加總結果（會是兩位數的數字）的各位數數字加總，然後根據這個結果解釋相關的意義。例如，若是在一九七四年七月十八日出生，就會以

1+9+7+4+7+1+8=37→3+7=10

計算，然後得到「10」這個結果，也就是「完美、宇宙」的意思。

也可以直接計算數字，再找出對應的意思。

2+3=5「女性+男性=結婚」
2×3=6「女性×男性=戀愛」
4+5=9「正義+結婚=理想」

大家是不是覺得這套占卜術很完整？有機會還請大家也試著占卜看看。我們當然不用對畢達哥拉斯數祕術賦予數字的意義太過認真，但如果能因此讓數字變得更有生命，也算是一件有意思的事情對吧。

為什麼弟子會被殺？

在數被神格化的過程中，畢達哥拉斯的弟子希帕索斯發現，某個等腰直角三角形的斜邊（位於直角另一側的邊＝最長的邊）的長度無論如何都無法以之前發現的數（分母或分子都是整數的分數＝現在的有理數）標示。

諷刺的是，這個數的存在是由畢達哥拉斯證明的定理（畢氏定理：參考下頁的圖）所證明。畢達哥拉斯與其他弟子聽到希帕索斯的報告之後，為了證明沒這回事而全體出動，但最終只得到希帕索斯的報告完全無誤的結論。

一說認為，畢達哥拉斯在聽到這件事之後十分震驚，除了命令所有弟子不准向別人提及這個數，還殺死了希帕索斯。如果這件事情屬實的話，畢達哥拉斯真有必要做到這個地步嗎？

今時今日，將不是有理數的數稱為無理數。所謂的無理數是根號 2 ＝ 1.141421356 這種小數點以下的數字無限延續，且呈不規則排列的值，我們也無法正確地掌握這個值。

【畢氏定理】

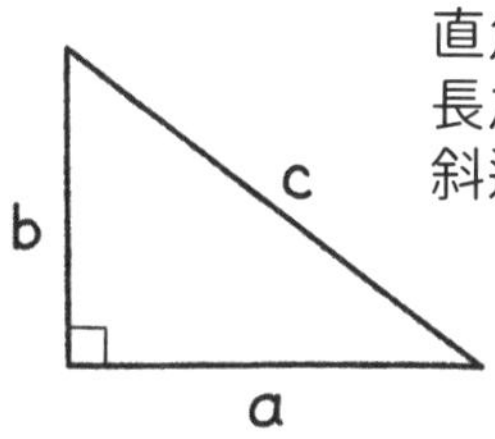

直角三角形中構成直角的兩邊長之平方和等於斜邊長的平方。

$$a^2 + b^2 = c^2$$

等腰直角三角形

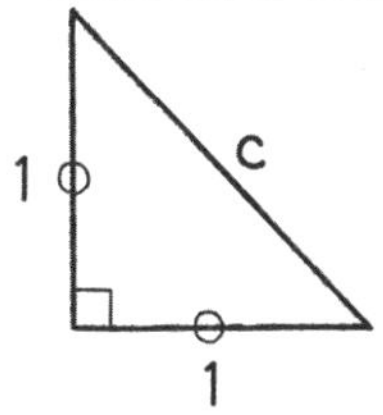

$$1^2 + 1^2 = c^2$$

$$\Rightarrow \quad c^2 = 2$$

$$\Rightarrow \quad c = ?$$

（其實是 $c = \sqrt{2}$）

不過，等腰直角三角形的斜邊長度的確有可能是無理數，例如圍成直角的兩邊都是「1」就是其中一例。

另一方面，古希臘是剛開始透過數學嚴謹證明各種事實的時代，當時應該有不少人都覺得沒有比數學更加嚴謹的事物。在這個時代擔任主角的畢達哥拉斯恐怕無法容忍無法確定真面目的無理數存在。

進一步來說，他不能容忍小數點以下的數有無限多位且不會循環的「數」存在，因為這麼一來就違反了他覺得數學就該保持簡潔的美學。順帶一提，就像94頁所介紹的，現在已經知道無理數的濃度比有理數高，無理數的個數也遠比有理數來得多。

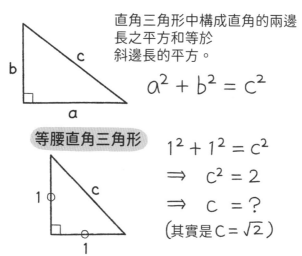

藏在數學家與音律之間的關係

在發現悅耳的音程與整數之間的奇妙關係之後，畢達哥拉斯與他的弟子發明了「DoReMiFaSolLaSiDo」（音階）。在第一個 Do 與最後一個 Do 之間（一個八度），依照聲音高低配置聲音（ReMiFaSolLaSi）的規則稱為音律。

畢達哥拉斯與弟子以鐵槌的重量為「3:2」時的音程（Do 與 Sol）創造了音律。其實制定音律的方法有很多，反過來說，目前沒有完美的音律存在。這裡說的「完美的音律」是指當多個聲音同時出現時，聽起來悅耳，又像是某種旋律的音律。

要制定音律需要具備等比級數與方根（$x^n=a$ 的解）的相關知識，所以音律與數學家可說是息息相關。其實約翰尼斯・克卜勒或是李昂哈德・歐拉都留下了自創的音律，日本的和算家中根元圭（1662～1733）也發明了將一個八度分成十二等分的音律（俗稱十二平均律）。

數學原本是音樂或天文學？

「數學」的語源

接著想介紹「數學」這個詞彙的語源。

「數學」這個詞彙是十九世紀中國西學書的「mathematics」的譯詞，至於日本這邊則是幕末一八六二年刊印的第一本正式英和辭典《英和對譯袖珍辭書》首先記載了這個詞彙。之後幕府為了研究西歐的語學與科學而在一八六四年設置了洋書調所（前身為蕃書調所），以及在洋書調所轄下設置了「數學科」。

明治維新之後，在東京大學設立的一八七七年（明治十年），也成立了現代的日本數學會與日本物理學會的前身東京數學會社。該公司從一八八〇年開始，幾乎每個月都召開「譯語會」，藉此制定西歐數學用語的正式譯語，到了一八八三年召開第十四次譯語會的時候，才將「mathematics」的譯詞正式制定為「數學」。

聽到「第十四次」，或許大家會懷疑，為什麼如此重要的詞彙會這麼晚才制定正式的譯詞，但從當時的記錄來看，在第二次的譯語會召開時，「mathematics」就已經是討論的議題之一，只是當時議論紛紛，未能定案，最後拖到第十四次才決定。在當時，有不少人對於「mathematics」這個詞彙該如何翻譯提出意見。另一個與「mathematics」相似的單字是「arithmetic」，而這個單字通常譯為「算數」，但其實不太正確，因為「arithmetic」指的是利用四則運算（加法、減法、乘法、除法）研究整數的數學領域，所以第十五次的譯語會決定將「arithmetic」譯為算術。

有點莫名其妙的譯詞

不難想像當時的人們有多麼辛苦，但其實將「mathematics」譯為「數學」，總讓人覺得不太對勁。因為「mathematics」包含的範圍絕對不只是「數」而已。

數（number）是用於說明東西的順序或是量的概念。最初是從1、2、3、……這類自然數開始，但後來擴充到小數、分數、無理數，現在指的是實數與虛數（後述：248頁）整體。由於數是抽象化的概念，所以沒有單位。

另一方面，量（quantity）則是指長度、面積、體積、角度、重量、時間、速度這類可供測量的對象，換言之，量有基本單位。在幾何學之中，計算圖形的邊長或面積就等於在計算「量」。

從古希臘時代開始，數與量肯定就是「mathematics」的核心概念，所以若是將「mathematics」譯為「數量學」應該不錯吧？不對，這樣還不夠完美。進入十七世紀，從某個量產生其他量的函數問世後，許多學者便對進一步研究「變換」產生興趣。所謂「y是x的函數」就是「y是由x決定的數」的意思，大家可以想像從某個裝置輸入x這個值，就會輸出對應的y（關於函數的部分，會於170頁進一步說明）。

當x透過函數這種「裝置」轉換成y這種概念誕生後，「變換」就受到矚目，最終以微積分為核心的一大領域「數學分析學」就此誕生，「mathematics」的守備範圍也大幅擴張，連自然科學都網羅在內。說「mathematics」是因為「變換」這個概念才擁有

【何謂變換】

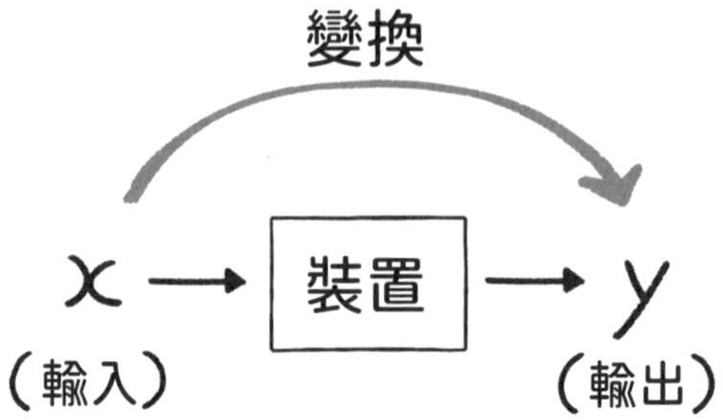

如果y=2x，
意思就是x（輸入）
會透過「裝置」轉換成兩倍的數

現在的地位也不為過。接著還有後續。

古希臘的歐幾里得在《幾何原本》的開頭提到「兩點間最短的距離為直線」或是「兩條平行線永遠不會相交」這類與空間的性質有關的公理。雖然這是不用特別解釋，也能憑經驗確定的性質，但其實也能定義沒有這類性質的特別空間，而思考這種不屬於歐幾里得的空間（稱為非歐幾里得空間），又能找到新的「mathematics」或是科學。

等到十九世紀出現集合這種概念之後，現代將擁有相對位置這類構造的集合稱為「空間」。以何種空間做為討論的框架是非常重要的事情。

數學的範圍更加廣闊

如此看來，「mathematics」的譯詞若是「數學」，是不是會讓人覺得沒有搔到癢處呢？我還在念高中時，曾經為了「當初為什麼會譯為『數學』呢」而感到不可思議。由於我知道以文字代替數字撰寫方程式的數學稱為「代數學」，所以便不禁覺得「數學」該不會是「代數學」的簡稱吧？但這麼一來，豈不是忽略了函數、幾何或是機率這些內容？這讓我莫名陷入了長考。其實「數學」的範圍至少包含剛剛提到的「數」、「量」、「變換」、「空間」、「構造」，到了今時今日之後，數學的應用範圍也越來越多元，我們已經很難從數學或是哲學的角度，輕易回答「數學到底是什麼？」這個問題（也有以哲學的方式觀察數學的對象或方法的「數理哲學」這個學術領域）。

算術、音樂、幾何學、天文學

「mathematics」的語源是希臘語的「μάθημα」，意思是「應該學習的東西」，而這點也值得玩味。在古希臘的世界裡，「應該學習的東西」由下列四種科目組成。

算術（靜態的數）
音樂（動態的數）
幾何學（靜態的量）
天文學（動態的量）

古希臘的柏拉圖在替自己開設的學院（柏拉圖學院）設計課程時，認為這四個科目是學習哲學問答所需的知識，也認為在十六～十七歲之前，一定要特別訓練的科目。柏拉圖之所以如此重視這四個科目，想必是受到畢達哥拉斯不少的影響。「應該學習的東西」之所以會分成四個，是因為畢達哥拉斯先將「應該學習的東西」分成數與量（圖形），之後再分別分出靜與動這兩個分類。這裡所說的「靜」指的是自己，「動」則是會因為他人的關係而產生變化的意思。

學習數（靜態的數）的「算術」是一切的基本能力，所以將算術歸類為「應該學習的東西」，應該不會有人提出異議才對。一如在《幾何原本》一節（62頁）所述，畢達哥拉斯與他的弟子在研究圖形（靜態的量）的幾何學領域締造了驚人的成果，同時也奠定了邏輯思考法。在當時學習幾何學就等於學習邏輯思考，所以有心學習哲學的人當然得學習幾何學。

數的神祕與天球音樂

前面也提過，畢達哥拉斯與他的弟子從悅耳的和音發現了數的神祕，也提出「萬物源自數」的說法，之後也不斷地教導人們，宇宙是由數與數的和諧關係（動態的數）所形成。

或許是因為畢達哥拉斯的努力，自他之後的希臘都認為宇宙的根本原理是「musica」（音樂），而音樂的和諧稱為「harmonia」。這兩個單字到了英文之後，分別變成「music」與「harmony」。其實直到中世之前，音樂與其說是休閒娛樂，更是秩序與和諧的象徵，所以學習音樂就是學習宇宙的原理，換句話說，是了解神的話語所不可或缺的知識。

畢達哥拉斯也創造了「天球音樂」這個概念。在當時，普遍認為所有的星球都是以地球為中心，固定在巨大的球面之上。星球則是因為這個球面旋轉才移動（也就是天動說）。從天動說的立場來看，行星（惑星）的移動方式讓人困惑，要透過圖形之間的關係（動態的量）說明行星的移動方式，需要擁有與複雜球面有關的幾何學知識。

不過，畢達哥拉斯與他的弟子認為，就算行星的移動方式看起來很複雜，天體一定是沿著和諧的軌道運行，宇宙的每個角落也充斥著人類聽不到，但是很美麗的天球音樂（宇宙音樂，musica mundana）才對。雖然柏拉圖在自己設立的學院設計了四個必修科目，卻也覺得這四個科目應該是想要成為時代領袖的人應該靠著自由意志學習的知識，絕對不該是強迫學習的科目。或許是柏拉圖如此主張，這四個必修科目漸漸地變成「應該透過自由意志獲得的各種技術」，後來也被稱為「博雅教育」。博雅教育的拉丁文為「artes liberales」，英文則是「liberal arts」。

自柏拉圖制定了必修科目之後，差不多過了一千多年，進入古羅馬末期的西元五～六世紀，又在「算術」、「音樂」、「幾何學」、「天文學」這四個必修科目之外追加了「文法」、「修辭學」、「辨證法」這三個科目，於是「博雅教育」總共包含七個科目。這七個科目被視為「每個人都該實踐的知識與學問的基本」，直到十九世紀後半～二十世紀為止，西歐的大學制度都延續了博雅教育的概念。

成為博雅教育吧！

如今我們已進入IT與AI全面改造產業的「第四次工業革命」，而數學也成為「絕對該學習的學問」，而這簡直與「mathematics」這個語源的意義如出一轍。

在過去，許多人都認為只有理組該學習數學，或是覺得只有擅長數學的人，才能私低下偷偷應用或是享受數學，但是從今以後，不管是文組還是不擅長數學的人，都不能不學習數學，但我還是不希望數學成為「必須強制學習」的學問。

我希望數學能成為每個人在學習過程中，都能找到屬於自己的快樂，然後越學越想學的「博雅教育」，我深信「數學」絕對能夠包容所有的人。

自然創造出曲線之美

首位獲得諾貝爾物理學獎的日本人湯川秀樹（1907～1981）博士曾說：「自然創造曲線，人類創造直線。」抬起頭環顧四周，不管是筆，還是桌子的邊緣，或者是電子產品的輪廓，大部分直線的東西的確是人工製造的。大自然當然也有「杉樹」這種語源為「直挺挺」的樹（約等於垂直的樹），但嚴格來說，杉樹也不算是直線的。石頭、花朵、山巒、雲朵都是由複雜的曲線組合而成。

儘管如此，數學在好長一段時間裡，都沒將視線望向圓以外的曲線。自畢達哥拉斯之後，幾何學只研究點、直線與圓而已。不過，有一個人是例外。他就是活躍於西元前二至前三世紀的古希臘數學家阿波羅尼斯（Apollonius，西元前262～西元前190左右）。

【阿波羅尼斯的研究】

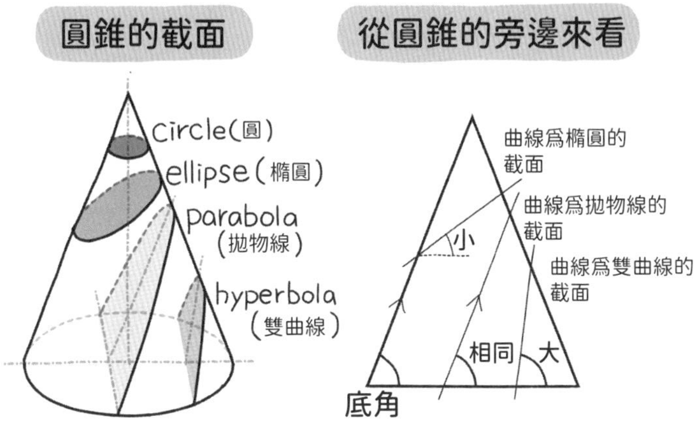

阿波羅尼斯以不會經過圓錐頂點的平面切割圓錐，再研究由這類平面切出的截面，然後將屬於這些截面的三種曲線（稱為圓錐曲線）命名為ellipsis（不足）、parabole（一致）、hyperbole（超越）。這些就是英語的ellipse（橢圓）、parabola（拋物線）與hyperbola（雙曲線）的語源。

為什麼阿波羅尼斯會如此命名，一說認為是因為從圓錐的正側面觀察時，會發現圓錐是一個等腰三角形，而當截面與圓錐底邊（或是底邊與平行的直線）圍成的角度比這個等腰三角形的底角來得小（橢圓）、相同（拋物線）或是更大（雙曲線），就會出現不同的曲線，但目前仍眾說紛紜。此外，截面剛好與底邊平行時，截面會出現正圓形，但一般認為，正圓形也是橢圓的一種。

曲線的方程式

今時今日，將圓形、橢圓形、拋物線、雙曲線統稱為二次曲線，因為這些曲線的方程式都是x與y的二元二次方程式（包含x^2與y^2的公式）。雖然這節的主題是「曲線的方程式」，但是以公式（方程式）描述曲線這件事，要等到十七世紀勒內・笛卡兒導入了座標、座標軸與變數這套系統才開始。

所謂的座標就是以一組數說明平面或空間之內的某個點的東西。平面的點是以（2,1）這種兩個數字為一組的數描述，至於空間裡的點則是以（2,4,3）這種三個數字為一組的數描述。此外，讓座標與點呈一一對應關係（參考165頁）的基準（直線）稱為座標軸。

我們在國中或高中學過利用座標軸描述平面或空間的點的方法，所以對我們來說，這是理所當然的事情，但是在當時，這種利用座標、座標軸，讓平面或是空間的任何點都能以一組數字描述，而且不管是那些數字的組合，都能在平面或空間找到對應的點的方法，

【座標與座標軸】

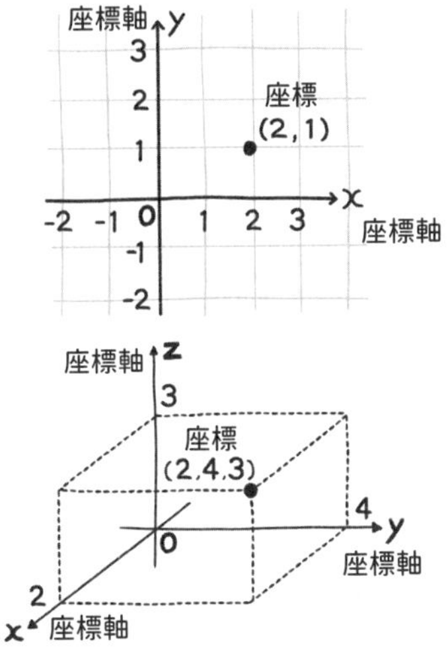

算是非常嶄新的創意。此外，笛卡兒還讓文字扮演能夠存放各種值的「容器」，並將這種文字稱為變數。

假設x與y都是變數，那麼在公式「x+y=2」之中的x與y可以像下面這樣，放入各種「座標」（代入之後，等號會成立的意思）。

(x,y) = (1,1)
(x,y) = (2,0)
(x,y) = (0,2)

如果將所有「x+y=2」會成立的座標集合起來，就能在座軸軸之中畫出直線，所以「x+y=2」就是描述這條直線的公式。人類總算讓圖形與公式結

【圖形與公式結合的「革命」】

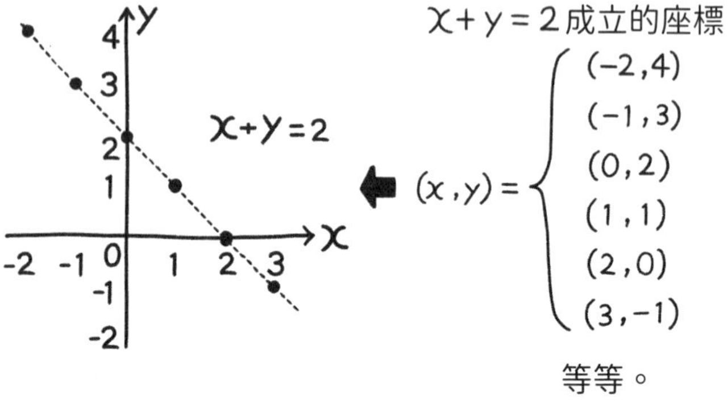

合。這絕對是劃時代的發明，也可說是數學史上的革命。多虧笛卡兒，我們才能以公式描述全世界現有的曲線，還能透過公式創造具有數學或物理特性的曲線。

高第與聖家堂

在經過一千七百多年之後，阿波羅尼斯發現的圓錐截面，也就是圓錐曲線總算也能以各種公式描述，後來也知道，其中之一的曲線（拋物線）與投擲物體時的軌道一致。

此外，畢達哥拉斯證明的畢氏定理（129頁）可透過圓形進一步理解，但是當這個定理整理成費馬大定理（在n大於等於3的時候，滿足$x^n+y^n=z^n$的自然數x、y、z不存在）之後，發現費馬大定理的證明與橢圓曲線密切相關。正因為公式與曲線結合，所以才能在耗費了三百五十年以上的歲月之後，證明費馬大定理。接著要介紹兩個國高中數學未及介紹的曲線以及相關的公式。

《懸鏈線》

密度（每單位體積的重量）固定，形狀像是拿著繩子或鎖鏈兩端時的曲線稱為「懸鏈線」（catenary）。懸鏈線的語源是拉丁語的「catena」，意思是鎖鏈。

大部分的人都覺得拿著鎖鏈兩端時的曲線是較長的拋物線，但荷蘭數學家克里斯蒂安・惠更斯指出，懸鏈線不是拋物線，對應的公式畫成下一頁的形狀。

懸鏈線常於人造物或是自然界出現，例如輸電線、吊橋、蜘蛛網，此外，若是讓懸鏈線上下顛倒，也能得到力學上的穩定。因此，許多建築物都會使用與懸鏈線上下顛倒的拱狀結構，其中又以西班牙建築家安東尼・高第（Antonio Gaudí，1852～1926）建造的「聖家堂」最為有名，他的許多作品也都採用了懸鏈線的設計（將高第的拱狀結構設

【懸鏈線】

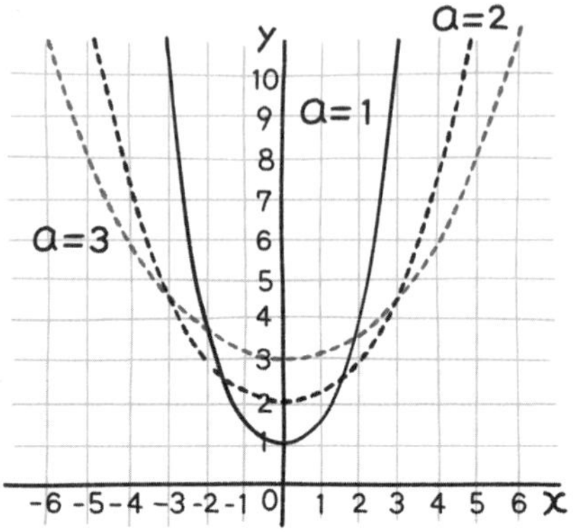

〈公式〉

$$y=\frac{a\left(e^{\frac{x}{a}}+e^{-\frac{x}{a}}\right)}{2}$$

a值越大，
弧度越和緩。

計稱為「拋物線」是錯誤的）。

高第認為「美麗的形狀擁有穩定的結構，而我們必須向大自然學習所謂的結構」，所以許多設計都不是在桌面計算，而是透過實驗決定。在設計建築物的曲線時，也會利用繩子與大量砂包製作的多個擺錘，做出懸鏈線，他認為這種曲線是最能承受垂直負重的構造。

高第對於這種結構的強度很有自信，甚至在工匠懷疑將巨大的石頭堆成拱狀，是否沒問題時，自己拿掉鷹架，證明這種結構安全無虞。高第設計的實驗裝置稱為「funikura（倒吊模型）」，可在位於聖家堂旁邊的資料室看到這個裝置。

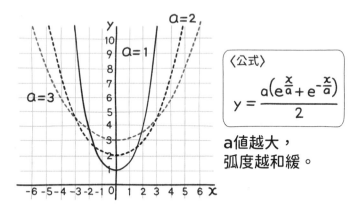

【聖家堂的懸鏈線】

雲霄飛車與歐拉螺旋

「羊角螺線」

一八九五年，美國第一座旋轉式雲霄飛車「Flip Flap」（次頁圖）在紐約近郊康尼島首次亮相。充滿好奇心的大眾紛紛湧入，但是這座設施開發之後，就陸續傳出有乘客罹患了揮鞭式頸部創傷或是頭部受傷。

原因在於軌道完整轉一圈的部分幾乎是「正圓」。當乘客從圓形的結構進入直線的部分時，會在這個連結的部分承受強烈的負擔。為了預防類似的事件再次發生，便將這個旋轉式雲霄飛車的圓形結構換成羊角螺線的結構。由於瑞士數學家李昂哈德·歐拉曾鑽研這種曲線，所以又稱為歐拉螺旋。

羊角螺線從直線開始，越往後面，弧度越彎曲。若以駕駛汽車比喻，就是以一定的速度且以一定的比例轉動方向盤的時候，汽車畫出的曲線就是羊角螺線。如果得沿著直線↓圓弧↓直線這種弧線開車，駕駛就得在圓弧的入口與出口大轉方向盤，此時若不大幅減速，就很難穩穩地開車，乘客也會承受沉重的負擔。

另一方面，如果是直線↓羊角螺線↓圓弧↓羊角螺線↓直線的弧度，在從直線區間進入羊角螺線區間，就只需要以一定的比例慢慢轉方向盤，進入圓弧區間之後，也只需要固定方向盤的角度即

【Flip Flap】

參考：https://en.wikipedia.org/wiki/Flip_Flap_Railway

【羊角螺線】

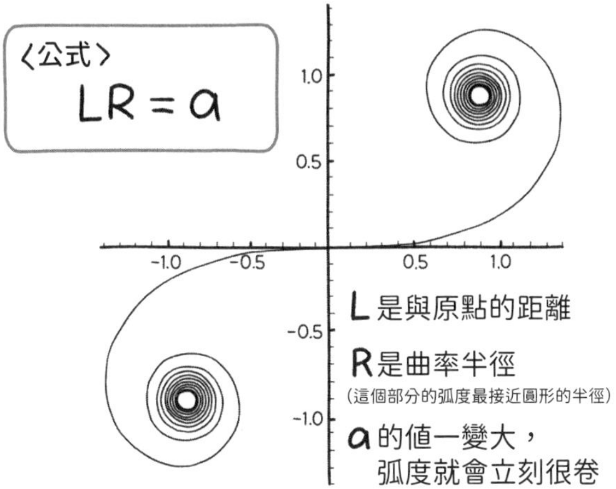
〈公式〉
LR = a
1.0
0.5
-1.0
-0.5
0.5
1.0
-0.5
-1.0
L是與原點的距離
R是曲率半徑
（這個部分的弧度最接近圓形的半徑）
a的值一變大，
弧度就會立刻很卷

參考：https://ja.wikipedia.org/wiki/クロソイド曲線

可，所以車比較好開，乘客坐起來也比較舒服，這也是羊角螺線為什麼被譽為「人體友善的曲線」的理由。

第一條應用羊角螺線的馬路是德國的高速公路「Autobahn」。現在全世界的高速公路幾乎都設計成羊角螺線。

兩位巨人與擺脫圓形

自古希臘的畢達哥拉斯之後，許多人都強烈相信象徵「完全諧和」的星球軌道是正圓形。在認為地球是宇宙中心的天動說，以及波蘭的哥白尼所提倡的地動說之中，所有人都認為星球的軌道是圓形的。

【容易駕駛的道路】

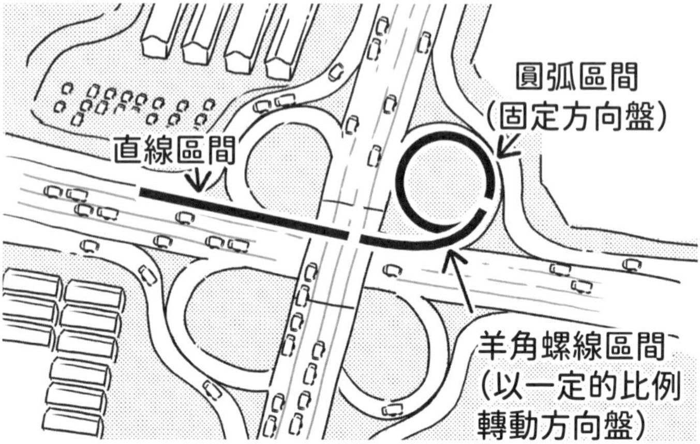

參考：https://cifrasyteclas.com/clotoide-la-curva-que-vela-por-tu-seguridad-encarreteras-y-ferrocarriles/

不過，若以軌道是圓形的理論解釋星球的運動方式，不管是天動說還是地動說，都需要非常複雜的理論，而且就算是經過大量運算得出的星球位置，往往也都是錯誤的。就在這時候，支持地動說的德國數學家約翰尼斯．克卜勒在仔細調查觀測結果之後，提出了行星軌道為橢圓的假設。後來便發現，比起圓形軌道，以橢圓軌道為前提，更能正確地說明行星的運行軌道。克卜勒就此假設地球與其他行星繞行太陽的軌道都是橢圓形，也製作了《魯道夫星曆表》，預測行星在幾年後的運行方式。

這張星曆表的精確度是過去的三十倍以上，也因此成為地動說的最佳佐證，英國的牛頓更是根據克卜勒的理論導出

「萬有引力」這個通用的物理法則，從地面的小石頭到行星運行方式都能統一說明，天動說也因此被埋進歷史的灰燼。

於十七世紀前半出現的笛卡兒與克卜勒可說是兩位偉大的巨人，說是他們讓人類擺脫圓形也不為過。觀察自然，再以數學描述可說是近代科學所需的概念。

阿爾罕布拉宮的幾何學圖案

在西班牙的古都格拉納達有座述說著伊斯蘭教徒過去事蹟的宮殿。這座宮殿不僅展現了伊斯蘭教徒統治這塊土地時的輝煌，也是伊斯蘭教徒在基督徒收復失地運動（Reconquista）被打敗之際的舞台，這座宮殿的名字就是阿爾罕布拉宮。這座佔地約十五萬平方公尺（三個東京巨蛋），在當時是國王（蘇丹）與貴族的住處，總共約有兩千多人住在這裡。

阿爾罕布拉宮的語源是伊斯蘭語，意思是「紅色城堡」。在廣大的阿爾罕布拉宮之中，有多座壯麗的建築物林立，每一座都是集伊斯蘭建築之大成的傑作。由於太過美麗與壯觀，在當時甚至傳出「國王施展了魔法，建造了這座宮殿」。

由於伊斯蘭教禁止敬拜偶像，所以這座宮殿的裝飾並非動物或是人類的形象，而是幾何學的圖案。這傳統可在阿爾罕布宮的每個角落看見，而且牆壁或是天花板不是以幾種基本圖案的磁磚鋪滿，就是反過來以圖案全然不同的磁磚鋪滿，由於實在太過精彩，任誰看了都會瞠目結舌。

荷蘭畫家同時也是版畫家莫里茨・科內利斯・艾雪（Maurits Cornelis Escher，1898～1972）也是被阿爾罕布拉宮迷惑的其中一人。耗費整整三天，仔細描繪宮殿裝飾的艾雪曾說：「這是無限延續的圖樣之美」，也因此大受啟發。提到艾雪，就不得不提到他那幅讓水看起來由下往上流的〈瀑布〉（1961），而且他也畫了不少不可能建造完成的建築物，是「視錯覺藝術」界的第一把交椅。他的作品〈變形〉系列（1937～1940）利用不斷變化的圖樣填滿了整個版面，他也透過這種畫風充分展現了自己的個性。肯定是在阿爾罕布拉宮得到的靈感讓他有機會創作出這系列的作品。

其實〈變形〉系列的第一幅作品是在造訪阿爾罕布拉宮的隔年完成的。艾雪使用了伊斯蘭教不會使用的動物圖案，製作了以重覆圖案填滿版面的作品，其獨特的畫風也令全世界為之驚豔。

能填滿平面的正多邊形

其實想在沒有任何縫隙與重疊的情況下，利用磁磚填滿無限擴張的平面，磁磚的形狀就不能亂選。比方說，我們無法利用正五邊形填滿平面，因為如下頁的插圖所示，正五邊形的一個角為 108 度，如果讓三個正五邊形聚在同一個頂點，就等於 108 度 × 3 ＝ 324 度，無法湊成 360 度，此時就會出現縫隙，如果讓四個正五邊形聚在同一個頂點，就會超過 360 度，此時這些正五邊形就會疊在一起。由此可知，能填滿平面的正多邊形（所有的角都相等的多邊形）只限「一個角的大小×整數＝360 度」的形狀，而這種正多邊形只有三種，分別是正三角形、正四邊形（正方形）與正六邊形。

一般來說，用這種多種平面圖形（磁磚）填滿平面，而且不會互相重疊的方式稱為平面填充、平鋪或是密鋪，思考哪種磁磚能夠填滿平面的問題則稱為平面填充問題。那麼如果不是正三角形，是其他種類的三角形呢？其實只要是三角形，不管是什麼形狀都一定能填滿平面。

這是因為只要準備兩個相同形狀的三角形，然後讓它們上下顛倒，就能疊出平行四邊形，而在平面的上下左右鋪滿這種平行四邊形，就能填滿平面。

【正五邊形會出現縫隙】

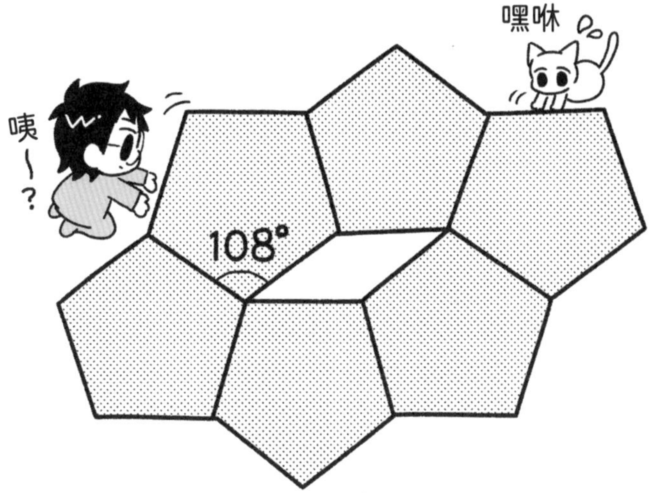

驗證五邊形

我們已經知道，任意形狀（可自由選擇形狀）的三角形或是四邊形都是能填滿平面的圖形，但其實這個事實早在古希臘時代就已經得到證實。知道三角形、四邊形可以填滿平面之後，接著就會想要驗證五邊形是否具有相同的性質。不過，當圖形變成五邊形，情況就突然變得十分複雜。

一如前述，正五邊形無法填滿平面，但不代表任何形狀的五邊形都無法填滿平

【平行四邊形與平行六邊形】

平行四邊形能夠填滿平面

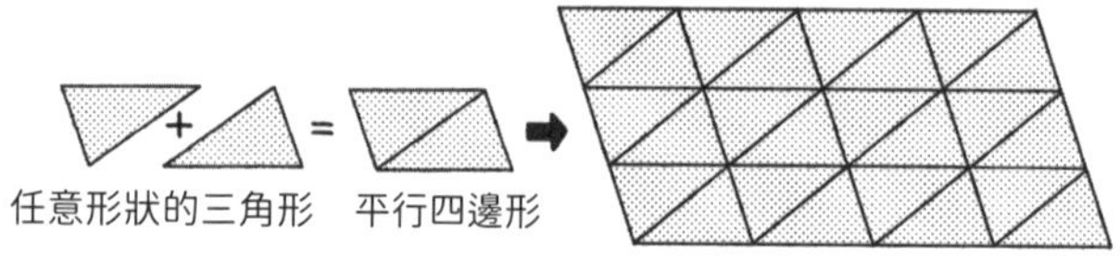

平行六邊形能夠填滿平面

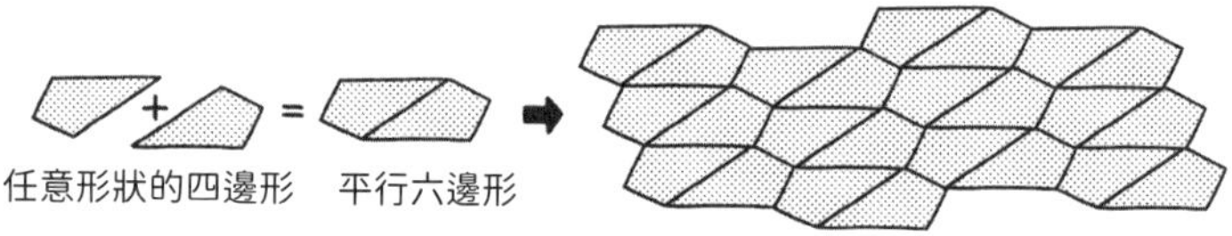

面，比方說，具有「一組平行邊長」的扭曲五邊形就能如次頁圖所示填滿平面。直到二〇一九年十一月為止，已經發現了十五種能夠填滿平面的凸五邊形（沒有內凹的五邊形）。

如果有興趣了解是哪些五邊形，可瀏覽「Pentagonal tiling」（五邊形的平面填充）的Wikipedia（英文版：https://en.wikipedia.org/wiki/Pentagonal_tiling）。凸五邊形的平面填充問題是在一九一八年，德國數學家卡爾・萊因哈特（Karl Reinhardt）在大學畢業論文提到了「五種可以填滿平面的凸五邊形」之後，才成為數學界的議題。次頁的「擁有一組平行邊長」的五邊形就是這五種凸五邊形的其中一種。

【能夠填滿平面的凸五邊形】

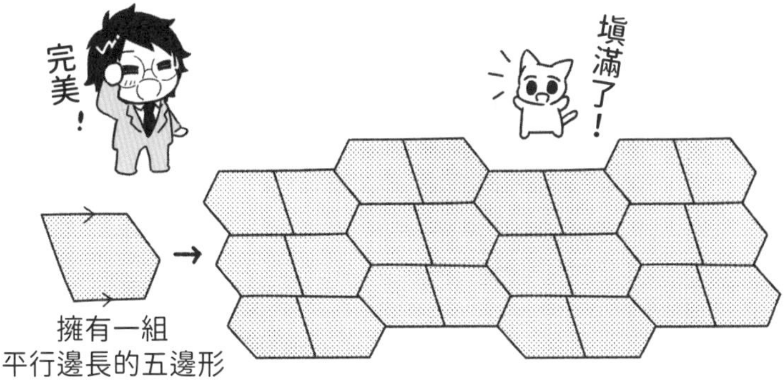

此外，萊因哈特也證明若是六邊形以上的多邊形，只有三種凸六邊形能填滿平面，能填滿平面的凸七邊形或以上的多邊形不存在。另一方面，他不知道除了自己找到的五種凸五邊形之外，還有沒有其他能夠填滿平面的五邊形。換言之，在當時，以單種凸多邊形填滿平面的問題僅止於五邊形的問題。

某位主婦解開的難題

在萊因哈特的論文發表後的五十年，也就是一九六八年，又發現了三種能夠填滿平面的凸五邊形，所以這類型的凸五邊形增加至八種。從耗費了五十年才多找到三種這點來看，凸五邊形的平

【第15種凸五邊形】

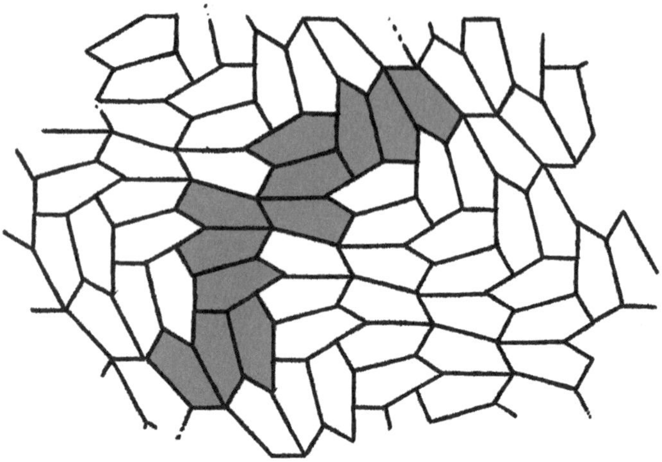

面填充問題的確是難題，但之後又在一九七五年～一九七七年陸續找到了五種五邊形。

而且這五種五邊形都不是數學家找到的。其中一種五邊形是由電腦科學家理查．詹姆斯三世發現的，然而剩下的四種居然是由家庭主婦瑪喬里．賴斯找到的。據說賴斯原本就很喜歡拼布，所以對雜誌專欄介紹的多邊形平面填充問題也很有興趣，令人驚訝的是，她是一邊帶小孩，一邊找出各種能夠填滿平面的五邊形。

到了一九八五年，當時還是大學生的羅爾夫．施泰因（Rolf Stein）又發現了第十四種，到了二〇一五年，華盛頓大學

【潘洛斯鋪磚】

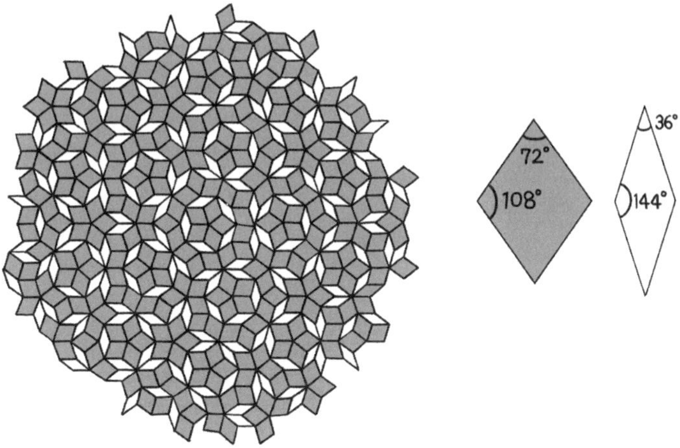

的研究團體利用超級電腦找到了第十五種凸五邊形。第十五種凸五邊形是如前一頁的插圖所示，以十二個塗成灰色的五邊形為一組，讓這組五邊形一邊上下左右平行移動，一邊填滿平面的五邊形，這種以多個圖形為一組，讓這組圖形一邊平行移動，一邊填滿平面的方式稱為週期性平面填充。這裡說的「周期性」就是「重覆同一件事」的意思。之所以發現第十五種五邊形會需要用到超級電腦，是因為這種五邊形群組當中的五邊形多達十二個。

真即是美。美即是真。

在討論平面填充這個話題時，就不能

不提到英國數學家羅傑・潘洛斯（Roger Penrose，1931～）。潘洛斯與理論物理學家史蒂芬・霍金（Stephen William Hawking，1942～2018）一起證明了黑洞的「奇異點定理」（廣義相對論認為重力無限大的時候，會塌縮為奇異點，而奇異點定理證明了這點），也確定「光無法抵達的領域＝沒有任何資訊的領域」存在，而這個領域的邊界稱為「事件視界」（event horizon），潘洛斯也因此聲名大噪。此外，他也提出大腦的資訊處理過程與量子力學密切相關的假設，是一位在宇宙論與量子論都留下豐功偉業的物理學者。

這位潘洛斯是艾雪的崇拜者，所以也對平面填充問題很有興趣，後來也設計了「潘洛斯鋪磚」。如前一頁圖所示，潘洛斯鋪磚是讓兩種菱形根據某種規律排列，藉此填滿平面的形狀，其中最值得一提的是，只要以這種方式填滿平面，就一定是非週期密鋪。在潘洛斯鋪磚之中，不管讓某個部分如何平行移動，都一定存在著另一個無法完全重疊的部分。在數學的世界裡，以潘洛斯密鋪為代表的非週期密鋪平面填充方式多半都是進入二十世紀之後才發現的，但是，在十五世紀的伊斯蘭建築之中，早已找到與潘洛斯密鋪相同的圖案。貼磁磚的工匠為了追求美，與數學世界的非週期平面填充法抵達了相同的終點，而且工匠比數學家早了五百年以上，這點真的不禁讓人陷入沉思。

一切不只如此！一九八二年，以色列的化學家丹・謝赫特曼（Daniel Shechtman，1941～）發現了沒有週期性結晶結構的合金。在此之前，結晶一定具有週期性結構可說是一種「常識」，所以謝赫特曼在發表這種合金時受到了激烈的批評，但是當他以潘洛斯密鋪佐證他的理論之後，就得以主張非周期結構的結晶（又稱準晶體）存在。後來陸續又發現了這種「準晶體」，所以謝赫特曼的成就得到承認，也於二〇一一年獲頒諾貝爾化學獎。每當我思索「數學之美」時，我總會想到一句話。那就是於十九世紀初期活躍的英國詩人約翰・濟慈（John Keats）在〈希臘古甕之歌〉的結尾所寫的詩句。

「美即是真，真即是美。（Beauty is truth, truth beauty.）」

我覺得追求美與追求真實，絕對是異曲同工的行為。

第4章

不可思議的便利性

讓「小石頭」與「東西」對應

意思為「計算」的英文單字 calculation 是由意思為「石頭」的「calc」以及意思為「做~」的「-ation」所組成，此外，意思為「微積分學」的 calculus 則有腎臟的「結石」或「牙結石」的意思（編按：「Calculus」源自拉丁語，原意是「小石頭」，用於微積分是因為古人用小石頭來進行計算，而因結石的形狀也像小石頭故醫學上也使用這個詞，兩者雖是不同領域但語源相同）。計算與微積分學這類詞彙之所以與「石頭」有關，是因為人類開始與數相處時，石頭就是用來數數的道具。

遠古的人類祖先似乎無法數算三個以上的數，三、三十、一百都是「很多」的數（眾說紛紜）。不過，我們的生活免不了遇到需要數算三個以上的數的場景。

以養了很多頭牛的農家為例，農家主人每天早上放牧之前，都得以小石頭數算牛隻的數量，1顆小石頭代表一隻牛，等到放牧回來之後，再以小石頭的數量計算牛隻的數量，確認每一隻牛是否都回來了。在那個無法使用大數的時代，人類都是像這樣以一顆顆小石頭計算要數算的東西，所以「使用石頭做的事情」才會具有「計算」的涵義。

所謂的「一一對應關係」指的是當集合A與集合B同時存在時，A的每個元素都只與B的某個元素對應，而B的每個元素，也都只與A的某個元素對應」的關係。比方說，日本從二〇一五年開始的「個人編號制度」是以十二位數的數字替所有在日本擁有住民票（類似戶口謄本）的人編號的制度。只要是在日本擁有住民票的人，每個人都與一個個人編號對應，而且指定一個個人編號，就等於指定一個人，所以「在日本擁有住民票的個人」的集合與「個人編號」的集合為一一對應關係。

另一方面，某間高中的「A班（學生人數四十人）」的集合與「生日」的集合（一年有三六五天，所以這個集合的元素有三六五個）就不算是一一對應關係。雖然每個學生的生日只有1個，但可能是生日的日期卻有365個，所以至少有325個生日日期沒有對應的學生。此外，一個生日日期可能有兩個以上的學生對應（班上有人同一天生日）（話說回來，在學生數為四十人的班級裡，有人生日是同一天的機率約為89%，比想像中來

【一一對應關係】

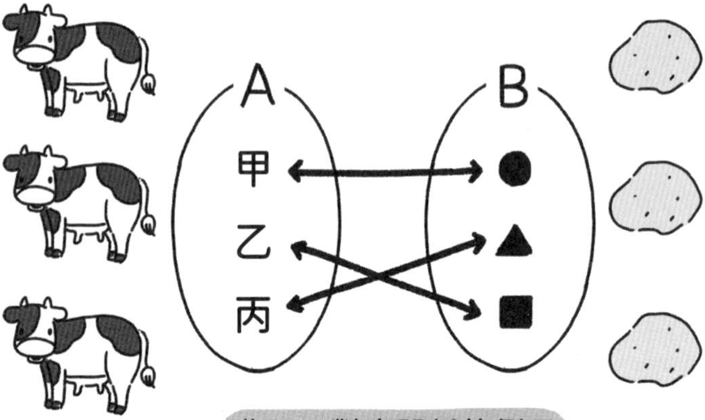

非一一對應關係的例子

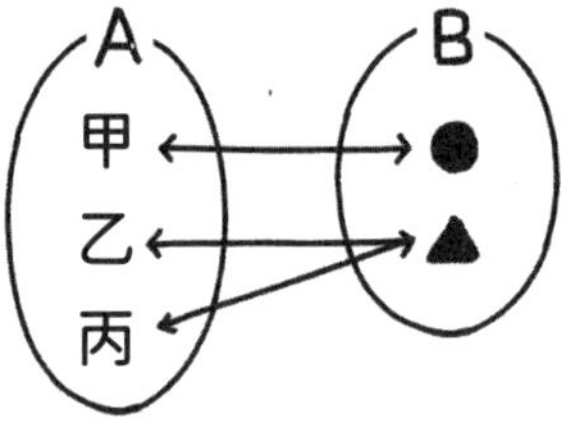

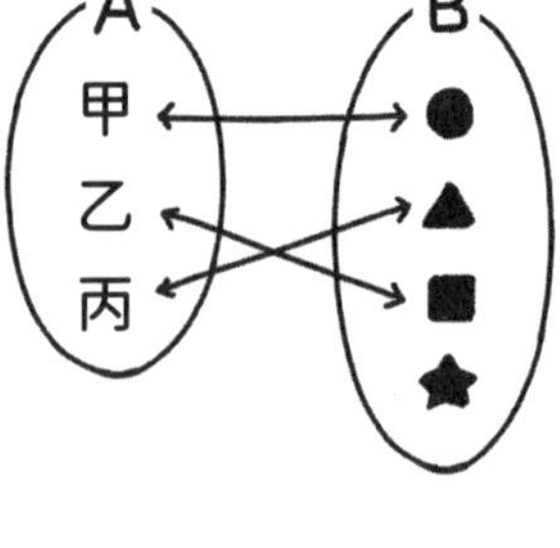

得高，大家可參考下一頁的圖）。

秀吉擁有驚人的數學素養！

眾所周知，豐臣秀吉是一位很有數學素養的人。接下來為大家介紹在秀吉還是織田信長的家臣時，他巧妙地利用「一一對應關係」，搏得信長信賴的小故事。

某天，信長為了了解後山的樹木有幾棵，命令足輕（平時負責雜務的步兵）這些家臣去後山計算樹木的棵數。這些足輕當然得聽從主公的命令，只是一開始就陷入了混亂，因為就在這些足輕分頭計算樹木的棵數時，大家都不知道哪棵樹木已經算過了。秀吉見狀跟其他足輕說：「這裡有一千條繩子，大家不需要算有幾棵樹，只要把繩子綁在樹上，再回到這裡集合就好。」足輕心想「這樣沒什麼問題」便再次進入後山。在經過一個多小時之後，所有的足輕都回到原地，和吉收集了剩下的繩子，再讓足輕計算這些繩子的數量。假設繩子剩下二二〇條，代表樹有七八〇棵。秀吉讓容易計算的繩子與不容易計算的樹木一一對應，成功地將後山的樹木算清楚，也因此讓信長以及信長的家臣刮目相看。

【補充：在40個人之中，出現生日相同的人的機率該如何計算？】

第一步先計算在40個人之中，沒有人生日相同的機率。

首先隨機抽出1人，接著隨便設定這個人的生日。

下一個人（第2個人）與第1個人的生日不同的機率爲 $\frac{364}{365}$

再下一個（第3個人）與前面2個人的生日不同的機率爲 $\frac{363}{365}$……

以此類推的話，40個人的生日全都不同的機率爲

$$1 \times \frac{364}{365} \times \frac{363}{365} \times \frac{362}{365} \times \cdots\cdots \times \frac{326}{365} = 0.1087\cdots\cdots$$

因此，在40個人之中，有人生日相同的機率爲

$1-0.1087\cdots\cdots=0.8912\cdots\cdots$，大約是89%。

順帶一提，如果替不同人數的群組分別計算有人生日相同的機率，可得到下列的結果。當群組的人數超過60人，生日相同的機率將超過99%。

群組的人數	5	10	15	20	25	30	35	40	45	50	55	60
出現生日相同的人的機率	2.71	11.69	25.29	41.14	56.87	70.63	81.44	89.12	94.10	97.04	98.63	99.41

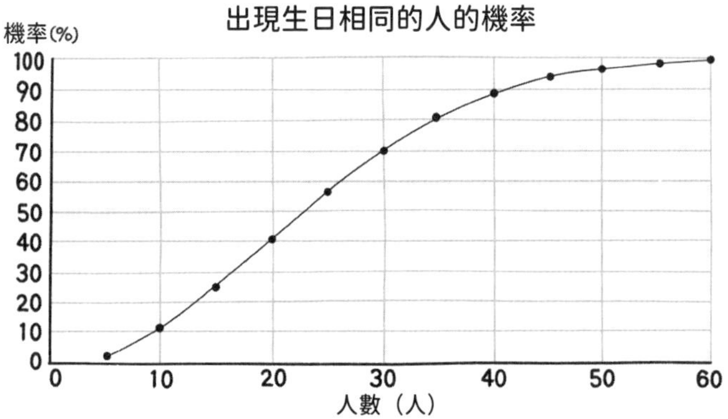

邀請一百位賓客的婚禮也能一眼看出賓客是否到齊，因為大部分的婚禮都會依照人數準備座位，而且每個人的座位通常都會事先決定，如果有人缺席，只要看座位表就會知道誰沒來。站著用餐的派對就沒辦法這麼做。

此外，想知道電影院的來客數也不太適合走到電影院裡「一個人、兩個人、三個人」這樣數人頭（有些觀眾有可能會看一半移動到其他座位，也有可能去上廁所），但其實根本不需要這麼做，因為只要算一算在入口留下的票根，就知道來客數了。由此可知，即使到了現在，還是會像這樣利用一一對應關係快速算出個數。

笛卡兒的用心

一一對應關係可不只能用來計算個數。之所以能在導入座標之後，以公式描述圖形與圖表，全是因為圖形之中的點與（1,2）這種一組的數一一對應（142頁）。爬梳笛卡兒導入座標的過程，就會知道一一對應關係的實用性不僅限於計算個數。他將思考幾何學的困難轉換成機械性的作業，也就是整理公式的處理。

許多人在念書的時候覺得圖形的題目比解開方程式的題目困難，但至少從我補習班的學生來看，只要學過解法，每個人都能解得開一次方程式、二次方程式、一次聯立方程式的題目。其實這類基礎方程式的解法已經成為一套公式，只要知道步驟，誰都能解出答案。不過，圖形的題目就無法套用公式解決。就算知道某道題目的解法，只要換個題目，通常就得絞盡腦汁，從零開始思考，這也是圖形題目需要「素養」或是「靈感」的原因。

其實笛卡兒也曾遇過這種困境，因此他為了將思考幾何的問題轉換成解方程式（整理公式）這種單純的作業，才讓圖形與數（座標）一一對應。使用一一對應關係，讓困難與複雜的題目變得更簡單，更單純這件事也於電腦的演算法（計算步驟）全面應用，因為這麼做能減輕電腦的負擔，快速導出結果。

在函數的世界裡，一一對應關係也非常重要。在此讓我們稍微複習一下函數。所謂「y是x的函數」指的是「y的值會隨著x的值改變」。

日文的「函數」寫成「關數」，最初從中國傳入日本的詞彙為「函數」，不過，一九五八年的日本文部省為了利用常用漢字統一學術用語，便將函數改成「關數」，但其實「函數」更貼近本質。函的意思是「盒子」，而「y為x的函數」是指y是從裝了x的函取得的數，不過這裡提到的「函」不是隨便的函，而是像街邊的自動販賣機，每個按鈕（輸入）都對應著一種商品（輸出），是「可信賴的函」。

不過，有些自動販賣機會出現多個按鈕對應同一個商品的情況（例如某種很受歡迎的商品），所以很難從掉出來的商品判斷客人按了哪個按鈕。換言之，大部分的自動販賣機的按鈕與商品的種類都不是一一對應關係。簡單來說，一個原因或許與　個結果對應，但是一個結果不一定只與一個原因對應。

從哆啦A夢的祕密道具想像

大家是否曾經因為猜不透另一半為什麼生氣而傷透腦筋？又或者如果高爾夫球的分數變差，只要找出原因就能馬上進行修正對吧。這種早上另一半的心情不好，或是用木桿用力開球，球就外彎的情況可以知道什麼原因會造成什麼結果，已經足以讓人感恩，但如果能夠反過來從結果找出原因，那更是讓人感到放心。

【函數的函】

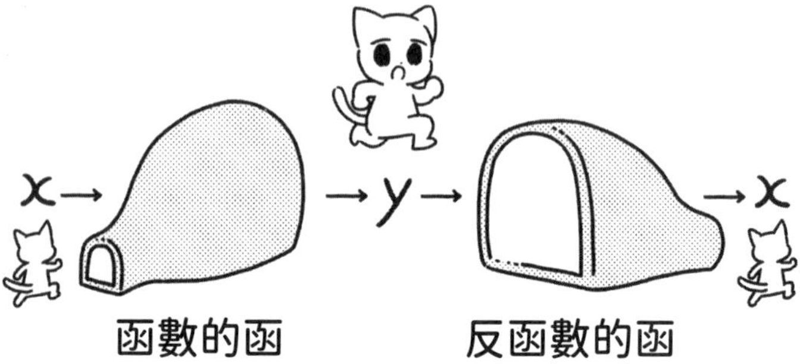

能從原因鎖定結果，而且能從結果找出原因的時候，代表原因與結果之間存在著一一對應關係。同理可證，「當y是x的函數，而且x也是y的函數」時，x與y也是一一對應關係，而在數學的世界，這種x與y函數為彼此的「反函數」。

費米推論與「大概」

推測牛仔褲的市場規模

我還記得大學一年級的時候，與朋友之間的某場對話。開啟話題的是我。

「欸，你有幾條牛仔褲啊？」

「幹嘛突然問這個？」

「沒啊，我昨天買了條牛仔褲，突然好奇別人都有幾條牛仔褲」

「我現在有三條牛仔褲吧？穿破的都丟了」

「我也大概是三條。話說，你一年買幾條牛仔褲啊？」

「嗯…？大概一年買一條吧？」

「大家大概都差不多是這樣吧？」

「會買的人可能會買更多吧，有些人也不太買牛仔褲，但就我們的年齡層（二十幾歲）來看，我應該是符合平均值吧？」

「對啊，我跟你也不是那麼愛追時尚」

「干你屁事啊（笑）。不過，應該也有人在年紀變大之後就完全不買，所以若將範圍放大到所有國民，每人平均大概一年買 0.5 條牛仔褲吧？」

「大概吧，日本的人口大約一億兩千萬人，所以若是以整個日本計算，就是 1.2 億 × 0.5，大概就是六千萬條的程度吧？牛仔褲的平均單價大概多少啊？」

「EDWIN 或是 LEVIS 的牛仔褲大概是一萬日圓左右，其他沒有牌子的，或是兒童牛仔褲的話，應該更便宜才對，所以一條牛仔褲的平均價格若是五千日圓，那麼日本的牛仔褲市場規模大概是六千萬條 × 五千日圓，大概是三千億日圓左右吧？」

「0.3 兆嗎？差不多是日本國內 GDP（約五百兆日圓）的 0.6% 耶，是一千名落合選手的薪水（在當時，職業棒球的落合博滿選手的年薪約三億日圓，我跟朋友都很愛棒球。）不知道全世界的牛仔褲市場規模又有多大？」

「全世界嗎？也有完全不穿牛仔褲的文化圈，所以每個人一年購買的平均條數應該更少吧，說不定是一年只 0.1 條或 0.2 條？」

「那假設每人平均一年買 0.2 條，全世界的人口約六十億人（二〇〇〇年當時），所以 60 億人 × 0.2 條 × 5,000 日圓，差不多就是六兆日圓吧」

「原來如此～～」

對話的內容大概就是如此。這段從亂聊開始，最後聊到日本國內與全世界的牛仔褲市場規模推估值的對話很有趣，所以我一直記得。順帶一提，在二〇二〇年的時候，日本牛仔褲市場規模約一千億日圓，全世界的市場規模約六兆日圓。日本市場規模雖然比我們算出的數字小一半，但是從前幾天，某本雜誌報導「年輕人漸漸不穿牛仔褲，有些店家的業績比二十年前少了一半」這點來看，三千億日圓不算是失準的推測。這種推估能夠做到「位數一致」就已經很準確了。此外，全世界市場規模的推測看起來雖然精準，但現在的世界人口約為七十五億人，所以當時的市場規模應該更小，但誤差絕對不會大到「差一個位數」（題外話，當時的這位朋友目前在母校東京大學擔任副教授，負責指導學生）。

原子能之父與費米推論

費米推論就像我們兩個的對話一樣，都是預估大概的值。近年來，許多企業的入社考試都會問「東京大概有幾個人孔蓋？」這類問題，所以費米推論似乎已成為求職者必備的技能。在我還是學生的二十幾年前，費米推論這個詞彙還沒誕生。二〇〇四年，由史蒂芬・韋伯（Stephen Webb）出版的《50個在遼闊的宇宙之中，只能找到地球人的理由》首次提到了費米推論這個詞彙。

不過，理組學生很早就有「推估概數」的習慣。比方說，在做實驗的時候，一開始會先建立假說（為了說明自然現象而暫定的說法，透過實驗證實後，就會成為新的定律或法則），但能從假說得到什麼結果或概值，都得先行預測，否則就不知道該準備精確度到何種地步的實驗器材。此外，先行預測概數，就能在出現「奇怪的值」＝「出乎意料的值」的時候，懷疑實驗有可能失敗（或是意料之外的大發現）了。

費米推論這個名詞源自美國諾貝爾物理學恩里科・費米（Enrico Fermi，1901～1954年），被譽為「原子能之父」的他除了在理論物理學界與實驗物理學界留下輝煌的成績，更是「預測概數」的高手。據說他曾經在炸彈爆炸，面紙飛向空中時，估算出面紙飛舞軌跡與炸彈的火藥量。這位費米曾在芝加哥大學講課時，向新生提出了下列這個知名的問題。

「芝加哥有幾名鋼琴調音師？」

我認為費米之所以對物理學系的新生提出這個問題，是因為他覺得要在物理的世界生存，推測未知事物的能力非常重要，目的當然不是要新生說出正確的值（真正的人數）。要想正確掌握芝加哥的鋼琴調音師有幾位，只需要打通電話給芝加哥鋼琴調音師協會（不過我不知道是不是真有這種組織）即可，這個問題的重點在於能否利用手邊既有的資料，有邏輯的針對未知的值估出「大概的值」。費米推論的步驟可參考下一頁的流程圖。讓我們以「芝加哥的鋼琴調音師人數」為例，依序介紹每個步驟。

①建立假說

先建立「芝加哥的鋼琴調音師的需求與供給維持平衡」，再思考「替芝加哥所有鋼琴調音所需的調音師人數」。

②將問題拆解為多個元素

接著找出思考這個問題所需的資料與估計量。

- 芝加哥的人口
- 每戶人均人數
- 家中有鋼琴的比例
- 每台鋼琴的調音平均次數（每年）

・調音師每人平均調音次數（每年）

③應用已知的資料

要知道芝加哥的鋼琴調音師大概有幾人，需要的資料是芝加哥的人口。芝加哥的人口大約三百萬人（我們可能不太知道芝加哥的人口，但是對芝加哥大學的學生來說，這應該是「常識」吧）。

④決定（計算）各元素的估計量

『**估計量1：一戶平均人數**』

人口三百萬人的城鎮會有幾戶人家？一戶有可能只有一人，四人或十人，所以讓我們取個平均值，以一戶平均人數為三人。

『**估計量2：家中有鋼琴的家戶比例**』

在這些家庭之中，家中有鋼琴的比例有多少？儘管日本與美國的情況不一定相同，但是想請大家回想一下，念小學的時候，身邊有多少同學學過鋼琴。如果班上有四十個同學，學過鋼琴的同學有四至五位應該不算是很罕見的情況吧？（順帶一提，我念的是男校，所以班上只有一兩位同學學過鋼琴）。

【費米推論的步驟】

① 建立假說

② 將問題拆解爲多個元素

③ 應用已知的資料

④ 決定（計算）各元素的估計量

⑤ 整合

因此就讓我們把家中有鋼琴的比例定為 10% 吧。到了國中或高中之後，許多人都放棄學鋼琴，而且沒人在彈的鋼琴也不該納入計算（因為不太可能會調音），所以 10% 應該算是略高的估計量，但是除了家裡之外，學校、社區活動中心、音樂廳也有鋼琴，所以就先粗估這個值吧。

『估計量 3：每台鋼琴的調音次數（每年）』

一般來說，鋼琴每年需要調音一次。

『估計量 4：調音師每人平均調音次數（每年）』

這裡要思考每位調音師一年能替幾台鋼琴調音。大概是幾台呢？替鋼琴調音屬於「粗活」，而且很耗費時間，再怎麼努力，一天最多替三台鋼琴調音。此外，調音師也需要週休二日，所以一年的工作日大概為兩百五十天。

從 3 台× 250 天＝ 750（台）的結果來看，每位調音師一年最多能替七五〇台鋼琴調音。

⑤ 整合

接著就是根據上述的估計量推測芝加哥的鋼琴調音師人數。從上方的計算可以推算出芝加哥的鋼琴調音師人數約為一三三人。

不過，這只是我個人的推測，不代表一三三人就是正確答案，但只要是根據已知的資料與估計量進行適當的推測，那麼就算得出的答案不是一三三人，整個推論的過程也是「正確」的。

費米推論的誤差不大

只要多加練習，嘗試不同的題目，就能慢慢熟悉費米推論的步驟，有機會的話，還請大家試著估計身邊的數字。比方說，一年的汽車銷售數量、國內的紅酒消費量、足球選手於單場比賽跑動的距離或是人體的細胞個數……。

其實利用費米推論預測這些值，通常會如本節開頭介紹的範例一樣，得到一個與實際情況相去不遠的值（位數不會差太多）。或許大家覺得這很不可思議，但這只是因為不同的估計值互相抵銷了誤差的部分。簡單來說，很少出現所有的估計值偏高或偏低的現

【算出各元素的估計量】

家戶數:

300［萬人］÷3［人／戶］=100［萬戶］

鋼琴台數:

100［萬戶］×10%=10［萬台］

需要調音的次數（每年）

10［萬台］×1［次／台］=10［萬次］

需要的調音師人數（每年）

10［萬次］÷750［次／人］=133.3……［人］

象。就這層意思而言，費米推論的祕訣在於盡可能將問題細分為不同的元素。估計量越多，估計量與實際情況大幅偏差的風險就越小。

如果讀到這裡的讀者，希望自己能對數字更加敏感一點，建議先從這個費米推論開始挑戰。大家會覺得門檻突然拉得很高嗎？但費米推論只用到簡單的算數，而且只要別算出「天差地別的結果」就算成功。再者，如果能夠熟悉費米推論，就能對大多數未知的事物算出相去不遠的估計量，這點應該也很有趣，如果能因此愛上數字，作者也會覺得很開心。

最常位於開頭的數字

何謂班佛定律？

我們身邊充斥著各種數字。不管是讀報紙、讀書、讀網路文章，都免不了看到數字。業績、電話費、地址、人口、股價當然也都是數字。

誰都知道，所有的數值都是由0～9這十個數字組成。如果將範圍限縮至開頭的數字（最大位數的數字），那一定是1～9其中一個數字。那麼，在所有數值之中，哪個數字最常位於開頭呢？「既然數值這裡多，每個數字位於開頭的情況應該一樣多吧？」或許大家會這麼想。

不然就是「在不同的情況與場合之下，位於開頭的數字都不一樣，所以這個問題怎麼可

【各種數字位於開頭的比例】

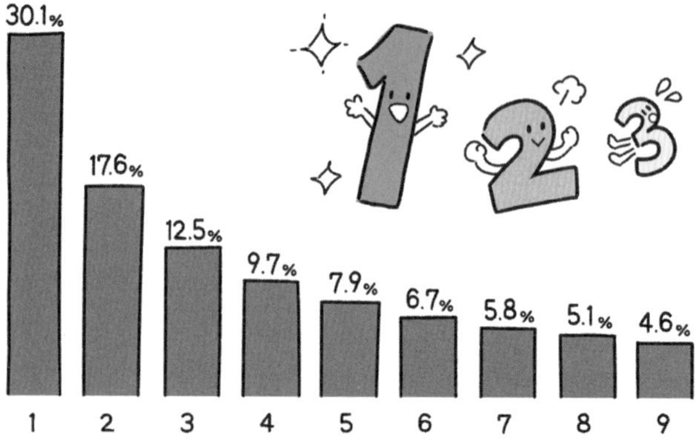

開頭的數字	1	2	3	4	5	6	7	8	9
比例	30.1%	17.6%	12.5%	9.7%	7.9%	6.7%	5.8%	5.1%	4.6%

能有答案啊」這種感覺也不是不能理解。

不過，開頭數字的呈現方式是有特殊規則的，所以在此要介紹這個規則。其實目前已知的是，開頭數字的比例並不一致。最常位於開頭的數字是1，從1開始的數值約佔整體的30%。

假設1～9這幾個數字出現在開頭的比例一致（因為是開頭的數字，所以0不在計算之內），那麼這個比例應該是1/9，也就是11%左右，由此可知，30%是相當高的比例。順帶一提，開頭的數字越大，佔比就越小，以9為首的數僅佔整體的5%，也就是1/20左右。

這就是所謂的班佛定律。上方的圖表

與表格就是根據班佛定律算出的結果。從圖表與表格可以得知，開頭的數字為1～3的數值佔整體的六成以上。這項定律是由美國物理學家法蘭克・班佛（Frank Benford，1883～1948）在一九三八年提出。朱利安・哈維爾（Julian Havil）所寫的《全世界最奇妙的數字謎題》指出，班佛從分子量、人口、新聞報導收集了超過兩萬例以上的樣本，才找到這個定律。

下一頁的表是班佛的調查結果。雖然其中包含了ＥＰ損失（熱泵＝集熱裝置的能量損失）或黑體（完全不會反射光的物理）這類物理學者才看得懂的資料，但令人驚訝的是，兩萬多例的平均值與理論值十分接近。此外，如果針對每個項目來看，出現在「河川流域面積」、「新聞報導的數字」「、壓力」、「設計」、「地址」這些項目的數字的分佈情況，也與理論值十分接近，這真的是值得令人玩味。反之，「物理常數」、「分子量」、「原子量」的誤差就相對明顯。

細菌的生長速度呈指數成長

有些事物會與理論值一致，也有不符合理論值的事物。讓我們直覺地思考班佛定律成

【各種數字位於開頭的比例】

開頭數字	1	2	3	4	5	6	7	8	9	樣本數
河川流域面積	31	16.4	10.7	11.3	7.2	8.6	5.5	4.2	5.1	335
人口	33.9	20.4	14.2	8.1	7.2	6.2	4.1	3.7	2.2	3259
物理常數	41.3	14.4	4.8	8.6	10.6	5.8	1	2.9	10.6	104
新聞報導的數字	30	18	12	10	8	6	6	5	5	100
比熱	24	18.4	16.2	14.6	10.6	4.1	3.2	4.8	4.1	1389
壓力	29.6	18.3	12.8	9.8	8.3	6.4	5.7	4.4	4.7	703
HP 損失	30	18.4	11.9	10.8	8.1	7	5.1	5.1	3.6	690
分子量	26.7	25.2	15.4	10.8	6.7	5.1	4.1	2.8	3.2	1800
排水量	27.1	23.9	13.8	12.6	8.2	5	5	2.5	1.9	159
原子量	47.2	18.7	5.5	4.4	6.6	4.4	3.3	4.4	5.5	91
$\frac{1}{n}$、根號 n	25.7	20.3	9.7	6.8	6.6	6.8	7.2	8	8.9	5000
設計	26.8	14.8	14.3	7.5	8.3	8.4	7	7.3	5.6	560
讀者文摘	33.4	18.5	12.4	7.5	7.1	6.5	5.5	4.9	4.2	308
成本資料	32.4	18.8	10.1	10.1	9.8	5.5	4.7	5.5	3.1	741
X 光電壓	27.9	17.5	14.4	9	8.1	7.4	5.1	5.8	4.8	707
美國聯盟	32.7	17.6	12.6	9.8	7.4	6.4	4.9	5.6	3	1458
黑體	31	17.3	14.1	8.7	6.6	7	5.2	4.7	5.4	1165
地址	28.9	19.2	12.6	8.8	8.5	6.4	5.6	5	5	342
數學的常數	25.3	16	12	10	8.5	8.8	6.8	7.1	5.5	900
死亡率	27	18.6	15.7	9.4	6.7	6.5	7.2	4.8	4.1	418
平均值	30.6	18.5	12.3	9.4	8	6.4	5.1	4.9	4.8	總計 20229
理論值	30.1	17.6	12.5	9.7	7.9	6.7	5.8	5.1	4.6	

立的理由吧。

在大自然之中，在經過固定的時間間隔，數量就增加為兩倍的事物不算罕見，例如細菌增殖就是其中一例。假設一年會增加一倍，而且一開始為一百個的話，一年後就會變成兩百個，兩年後就會變成四百個，三年後就會變成八百個，四年後就會增加至一千六百個。這種增加方式稱為指數成長（參考35頁）。次頁的圖表則是指數成長的圖表。在這個例子之中，從一百個增加至兩百個耗費了一年的時間。在這段期間，個數的第一個數字一直是一，反觀個數是五或是其他數字的期間（從五百個增加至六百個的期間）只有三個月。

同理可證，從一千個增加至兩千個的時間也是一年，但從五千個增加至六千個的時間（圖表沒有這個資料）也大概是三個月左右。在其他呈指數成長的例子之中，開頭的數字為一的期間，遠比其他數字為開頭的期間來得長。

單位制不同，也有這個性質？

此外，就算不是指數成長，也有十分符合班佛定律的情況。那就是會員編號這種從1

【呈指數成長】

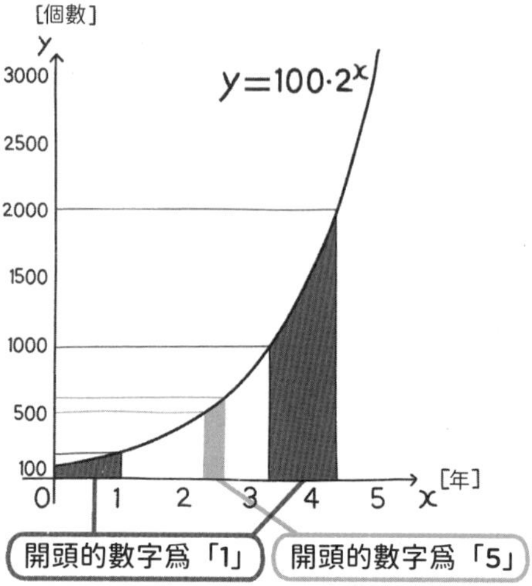

開始編號的情況（不考慮「0001」這種從0開始編號的情況）。

以會員人數五千人的俱樂部為例，開頭數字為5、6、7、8、9的會員編號遠比開頭數字為1、2、3、4的會員編號來得少。次頁的表格在會員人數為一千人～一萬人的整數的情況下，計算了各種數字位於開頭的個數。從這張表可以知道，在所有會員編號之中，開頭數字為1的會員編號的數量最多。

就算不是像會員編號這樣依序編號的情況，人口、河川長度這類幾乎在某個範圍之中，出現許多類似數字的情況，也會發生相同的現象，可見班佛定律可於各種領域應用。

【各種數字為會員編號開頭數字的次數】

開頭的數字	1	2	3	4	5	6	7	8	9	會員數
個數	112	111	111	111	111	111	111	111	111	1000
	1111	112	111	111	111	111	111	111	111	2000
	1111	1111	112	111	111	111	111	111	111	3000
	1111	1111	1111	112	111	111	111	111	111	4000
	1111	1111	1111	1111	112	111	111	111	111	5000
	1111	1111	1111	1111	1111	112	111	111	111	6000
	1111	1111	1111	1111	1111	1111	112	111	111	7000
	1111	1111	1111	1111	1111	1111	1111	112	111	8000
	1111	1111	1111	1111	1111	1111	1111	1111	112	9000
	1112	1111	1111	1111	1111	1111	1111	1111	1111	10000

【粗體字為最大個數】

不過，電話號碼這種具有特定規則的數字，或是像聯考那種分數呈常態分布（在統計學之中最重要的分布方式。呈左右對稱的鐘形）的情況，就不符合班佛定律。此外，沒有範圍的隨機數的集合也無法套用班佛定律。不過，新聞報導的數字，或是其他從多個不符合班佛定律的分布隨機收集的資料，又會符合班佛定律。承上所述，特別符合班佛定律的情況如下。

- **數字呈指數成長的集合**
- **數字在某個範圍之內依序排列的集合**
- **數字在某個範圍之內平均分布的集合**
- **數字從多個分布隨機選出的集合**

一般來說，要以數學的方式證明班佛定律，會使用尺度不變性這個性質。所謂的尺度不變性是指單位制改變，同樣的性質依舊成立的意思。如果班佛定律的確代表某種真理，那麼河川或湖泊的面積（班佛定律最知名的範例）就算以其他的單位測量，結果應該一樣。我們很難相信神明會有喜歡公制單位勝於美制單位的傾向。

如果開頭的數字有這種規律，那麼就必須擁有尺度不變性這種性質。以微分方程式描述這種尺度不變性，再解開這個方程式，就能以數學的方式導出班佛定律，不過請恕本書割愛（有興趣的讀者可參考前面提到的《全世界最奇妙的數字謎題》，其中介紹了詳細的過程）。

看穿數字詭計的祕訣

由於本章的主題是「不可思議的方便」，那麼最後為大家介紹班佛定律對社會的貢獻。曾於 Google 草創時期設計貴為收益來源的廣告模型，並且享有「讓 Google 成為世界第一的經濟學者」美譽的哈爾・范里安（Hal Ronald Varian，1947～）曾在一九七二年主張「班佛定律可看穿假帳」。

在公司帳簿填入虛假金額的人不知道這個定律，以開頭數字過於平均分布的方式填入金額，或是以分布過於集中的方式填入金額的話，以1為開頭的數字的比例就會完全不符合班佛定律，也就能斷定這是虛假的資料。

其實在一九九〇年代初期發生過下列這件事。會計學校講師馬克・尼格里尼（Mark Nigrini）曾向學生提出「確認企業各種收支的最高位數是否符合班佛定律」這項課題，結果某位學生發現，自家親戚經營五金行的帳簿出現了完全不符合班佛定律的數字，也因此發現親戚做假帳的事實。

到了現代，班佛定律除了用於會計監察，也用來檢驗選舉的不當投票。

從海量資料找出不當使用的情況

應該有不少讀者都聽過資料探勘這個名詞。在過去幾年，這個名詞與「大數據」瞬間普及，而這個詞彙的英文是由「data」（資料）與「mining」（挖出潛在需求）這兩個詞組成。一開始是於Knowledge Discovery in Databases（KDD：資料庫知識探索）這個學術研究領域於一九九〇年開始使用的用語。

到了二〇〇〇年，網路隨著IT革命浪潮普及，電腦的性能也大幅提升，商業的世界也累積了大數據，因此，意思為分析大量資料，找出實用資訊的「資料探勘」也於一般社會普及。

說個題外話，big data 這個用語最初是由英國商業雜誌《經濟學人》於二〇一〇年介紹，從那時開始，負責分析海量資料，對企業或社會做出貢獻的資料科學家也因此成為熱門職業。一般認為，這世上第一個登上媒體版面的資料探勘實例是於一九九二年十二月二十三日發行的《華爾街日報》的報導。這篇報導提到「美國大型超市在分析收銀記錄之後，發現在下午五點到七點購買紙尿布的顧客，通常也會買啤酒」。

從這個事實可以考察「假設家裡有小孩，而老婆在傍晚拜託老公去買紙尿布，老公是否會連同啤酒一起買回家？」的問題。此外，如果將紙尿布與啤酒放在同 個架上，業績似乎有成長的可能性。說來慚愧，我的信用卡曾經被盜用，但還好損失不大，因為信用卡公司打電話問我「您在〇月〇日，在 iTunes Store 有一筆三千日圓消費，請問是您本人的消費嗎？」我雖然用過 iTunes Store，卻不記得買過信用卡公司問我的東西。當我跟信用卡公司說明，對方便說「了解了。這是盜用，所以將取消這張信用卡，也不會向您請求被盜用的款項，請您放心。」我真的覺得這間公司的服務很好。儘管如此，我也不禁自問「為什麼信用卡公司能發現這筆三千日圓的盜刷呢？更何況我真的曾在 iTunes Store 消費過」但其實這就是資料探勘的威力。

我平常不管是在實體門市還是網路商店，都是想消費就消費，其中當然有一些是第一次消費的門市與網站，消費的金額也不盡相同。不過，只要分析消費履歷（我用這家信用卡公司的信用卡已超過二十年以上），就會知道我有一定的購物模式（但我自己不知道），所以才能篩出我平常不會購買的東西。信用卡公司累積了所有顧客的消費記錄，而這些記錄除了能用來找出盜刷的情況，也是企業行銷策略的重要資訊，因為將顧客的地址、年齡、性別、職業以及其他的個人資料與消費履歷綁在一起，就能從中找出「住在橫濱的四十幾歲男性、自由業」這種客人的消費傾向，接著再進行重點宣傳，或是根據有利基的需求開發商品。

相關性與因果關係

一般來說，一邊增加，另一邊也增加的話，會將這種明顯的傾向稱為「具有相關性」（一邊增加，另一邊也增加稱為正相關，一邊增加，另一邊減少則稱為負相關）。一如《華爾街日報》提及的紙尿布與罐裝啤酒，如果能在意外的組合之中找到相關性，或許就有機會拉抬業績。找出相關性也是資料探勘的重點之一。

不過，在調查相關性的時候，有兩點需要特別注意。第一點是查到的相關性只是屬於該調查對象的結果。比方說，我的補習班學生有「英文分數越高，數學分數就越高」這種正相關的傾向（只是有這種傾向，當然也有例外）。不過，這不代表全國的高中生都有這種傾向。從意外的組合找到相關性，或是反過來找到一如預期的結果，通常會想大喊「我找到令人驚訝（或是令人雀躍）的規律了！」但是在還沒徹底摸透母體之前，還是需要格外謹慎，不能草率地做出結論。

另一個要注意的是，就算發現兩個量之間存在相關性，也不能就此斷定兩者之間存在著因果關係（原因與結果的關係）。假設X與Y之間存在著因果關係，X與Y一定存在著相關性，但反之並非如此。

有讀報習慣的人，年收入比較高？

如果X與Y之間存在著正相關的相關性，會有下列五種情況。

①存在著X（原因）↓Y（結果）的關係

②存在著Y（原因）↓X（結果）的關係

【相關性存在的情況】

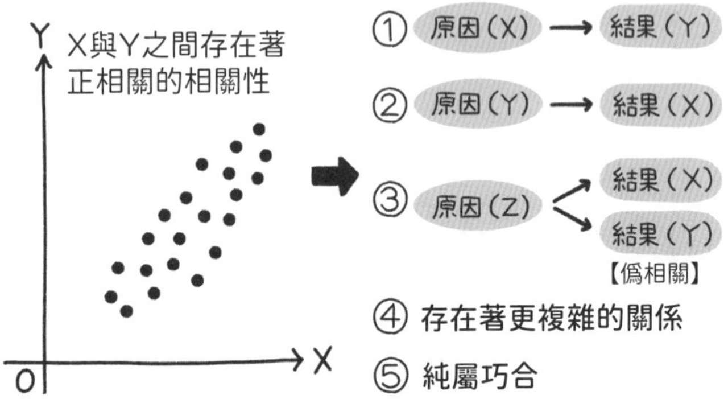

③X與Y是共通原因Z的結果（Z→X而且Z→Y）

④存在著更複雜的關係

⑤純屬巧合

首先說明①與②的部分。假設購買報紙與年收入之間存在著正相關，如此一來，或許會有人期待「讀報紙就能增加年收入」。不過，情況很可能不是

讀報（原因）→年收入很高（結果）

而是，

年收入很高（原因）→讀報（結果）

說不定年收入與社經地位變高之後，需要讀報紙才能在社交場合製造話題。

接著說明③的部分。比方說，「動物園的業績增加，美容院的業績也增加。所以美容院的業績增加，是因為動物園的業績增加」的這種邏輯肯定是錯誤的。不管是動物園還是美容院，都是假日比平日的生意好，兩者的業績之所以會增加，是因為假日這個「第三方的原因」，不該就此斷言雙方的業績之間具有直接的因果關係。所以上述的邏輯只是誤將下列這兩種因果關係的結果綁在一起而已。

假日（原因）↓動物園的業績增加（結果）
假日（原因）↓美容院的業績增加（結果）

這種相關性又稱為虛假關係或偽相關。

接著說明④與⑤的部分。比方說，在首都圈接受國中入學考試的小學生從二〇一五年之後有增加的傾向，社群媒體 Instagram 的使用者人數也在這五年之間成長，但也不能就此武斷地做出下列的結論。

首都圈國中入學考試的人數增加（原因）↓ Instagram 的使用者增加（結果）
Instagram 的使用者增加（原因）↓首都圈國中入學考試的人數增加（結果）

兩者之間應該也不太可能有共通的「第三方原因」（偽相關）。

首都圈國中入學考試的人數增加，很有可能是因為在少子化的影響之下，每人平均教育費增加，也有可能是因為大學入學考試的改革不夠透明，導致家長感到不安，或是特色鮮明，服務周到的私立國中增加。

此外，Instagram 的使用者之所以增加，有可能是因為智慧型手機與「Hashtag」文化普及，也有可能是「IG網美照」成為流行用語所導致。

首都圈國中入學考試的人數與 Instagram 使用者同時間增加，背後可能牽扯著複雜的原因，也有可能純屬偶然。不論如何，要確定因果關係是否成立，是一件非常困難的事。尤其是從部分母體資料得出的相關性，更是需要謹慎看待。

正確的統計與錯誤的統計

不知道大家是否聽過「謊言有三種。謊言，該死的謊言、統計數字」這句話？（馬克

吐溫的名言）

由於統計結果都是透過數字與圖表這類媒介傳遞，所以通常具有相當的服說力。其實不少人一聽到「這是根據統計得出的結論」就會覺得這個結論似乎不容反駁。

不過，統計不一定永遠正確，因為有時候統計資料的分布不一定平均，統計不一定正確，甚至資料還可能遭到竄改。即使有這麼多問題，但統計的說服力實在太過強烈，所以錯誤的統計不僅沒被淘汰，甚至還常常自成一格，成為另一套理論。美國的川普總統在第一次當選的時候，幾乎沒有媒體預測川普能夠獲勝。《紐約時報》與其他的大眾媒體都援引民調這種「統計」資料，將情況形容成川普的對手希拉蕊柯林頓將贏得選舉，不過當選舉結果出爐，才發現這根本是彌天大謊。

隨著AI、機械學習崛起，數字的存在感也越來越強烈，但筆者卻認為，今後將進入正確的統計與錯誤的統計交雜的時代，所以我們必須學會統計識讀能力（正確解讀統計結果，做出合理決定的能力），才能從名為資料的寶山找出需要與正確的資訊。

統計改變了國家

有國家的地方，就有統計

數學大致可分成純粹數學與應用數學兩大類。

純粹數學是「透過嚴謹的邏輯思考研究抽象概念」的數學，應用數學是「讓純粹數學得出的理論於自然科學、社會科學、工業應用」的數學。說得簡單一點，應用數學的目的就是研究數學在現實社會派上用場的方法。

純粹數學主要分成三大領域，一種是研究方程式的解法，進而研究線性代數、數論、群論的代數學，另一種是研究微積分與所有函數的分析學，最後是研究圖形與空間性質的幾何學。

另一方面，應用數學屬於跨領域的學問，所以研究對象也相當多元，也讓人覺得研究範圍每天都在擴張，其中在近年最受注目，而且實用性得到極高評價的研究對象就是統計。整個社會的輿論不斷地告訴我們，統計對於現代人的我們有多麼重要，而且本書也已經提到統計的重要性，所以接下來就想帶著大家稍微了解統計是如何誕生的，又是如何發展的。了解統計的歷史也有助於了解統計。

統計的英文是「statistics」，德語則是「statistik」，而這兩個詞彙的語源為拉丁語的「status」（國家、狀態），所以從這個語源便能知道，統計最初是執政者為了了解人口或其他國家實際情況而誕生的學問。聖經提到，耶穌基督的父母親在耶穌誕生之前，曾於伯利恆短暫停留。馬利亞（基督的生母）之所以身懷六甲也要風塵僕僕回到伯利恆，全是因為羅馬帝國為了調查人口，命令所有國民回到故鄉。

十九世紀的法國統計學者莫里斯・卜洛克（Maurice Block）曾說：「有國家的地方就有統計。」其實古埃及為了建造金字塔也曾經調查人口與土地，而且還留卜了相關的記錄，日本也曾於飛鳥時代調查過田地的面積。豐臣秀吉於一五九二年發佈的人掃令也是為了掌握討伐朝鮮的兵力才進行了全國戶籍調查。

從上述這些事情來看，統計絕對是經營國家所不可或缺的學問，也因此不斷地發展。不管是治國者要從百姓徵收稅金，還是徵召兵力，當然都得先知道當地有多少人，多少物資。

近代國家非常重視統計

在近代國家成立的十八世紀～十九世紀之間，各國越來越知道統計是經營國家的基礎，也越來越明白統計的重要性，所以也努力整建體制以及積極進行統計調查。也差不多就是在這個時候，國家開始針對所有國民與家庭進行人口普查，掌握人口多寡與家戶結構。

法國的拿破崙・波拿巴（Napoléon Bonaparte，1769～1821）曾說：「統計是事物的預算，沒有預算就沒有公共福利。」法國也於一八〇一年率先設置了統計局。近代國家進行的人口普查或是其他針對目標集團進行全面調查的調查稱為「普查」。早在幾千年前，古代國家就已經開始調查人口，但是英國統計學家約翰・葛蘭特（John Graunt，1620～1674）卻開創了一個全新的統計世界。葛蘭特將教會保存的年度死亡人數與其他的相關資料，整理成《對死亡率表的自然與政治觀察》這本著作，而這本著作記載了各年齡層死亡率的表格。然後根據這張表格進行分析，找出嬰幼兒時期的死亡率偏高，以及都市的死亡率高於鄉村這些事實。

此外，當時的人們認為倫敦的人口大約有兩百萬人，但是他透過資料算出倫敦的人口大概為三十八萬四千人，而這正是透過有限的樣本推估整體的方法。除了整理資料，他還觀察這些資料，從乍看之下雜亂無章的事物找出規律，就這點而言，葛蘭特的「分析」的確是劃時代的創舉。

因為發現哈雷慧星而聲名大噪的英國天文學家愛德蒙·哈雷（Edmond Halley，1656～1742）繼承了葛蘭特的方法。哈雷是鼓勵牛頓寫出曠世鉅作《自然哲學的數學原理》，又出資幫助這本書出版的學者，也在科學界留下許多豐功偉業，更是根據某個城鎮的出生與死亡資料，製作全世界首見的「生命表」的人物。

哈雷於一六九三年出版的著作提到，人類的死亡具有規律，也提到「人壽保險的保費應該根據各年齡層死亡率計算」。雖然當時的英國已經有很多間人壽保險公司，但是保費都亂算一通，但是在哈雷發表生命表之後，人壽保險公司才總算能算出合理的保費。葛蘭特整理的《對死亡率表的自然與政治觀察》、哈雷製作的生命表，或是其他將資料整理成數據、表格、圖表，從中了解資料趨勢或性質的手法稱為敘述統計。不過，葛蘭特與哈雷的手法都非常陽春，無法與現代的敘述統計畫上等號。當時的數學還不夠發達，無法利用實際的資料釐清社會現象與背後的原因。

在那之後，法國數學家皮耶西門・拉普拉斯（Pierre-Simon Laplace，1749～1827）與德國數學家高斯提出了機率論與常態分布這類數學理論之後，出現了一位將這些理論應用於社會的人物，他就是比利時數學家阿道夫・凱特勒（Lambert Adolphe Jacques Quételet，1796～1874）。

凱特勒是第一位將只在自然科學應用的「平均值」導入人類社會的人物。他認為人類也是既美麗又和諧（應該是吧？）的宇宙的一部分，所以就算每個人都隨心所欲地行動，只要收集資料，就能從整個社會發現某種符合科學概念的秩序。由於他是首位將現代統計手法應用於社會的人物，所以又被譽為「近代統計之父」。

如果統計的歷史止步於敘述統計，那麼統計學肯定不會在現代成為如此重要的學問。統計之所以能夠成為現代生活或研究所不可或缺的學問，全是因為進入二十世紀之後，推論統計學有了長足的發展。敘述統計是了解資料的傾向與性質的手法，而推論統計則是在取得樣本之後，透過機率與推測的方式了解母體的手法。這與試一口拌勻的味噌湯，藉此推測整鍋味噌湯的味道有著異曲同工之妙。為了預測選舉結果而對所有選舉人進行問卷調查，或是為了管控產品品質而對所有產品進行測試，是不切實際的做法，此時不該「因為無法調查所有產品」而放棄，而是該隨機抽樣，做出「成為〇〇的機率有△△%」的結論，才算是有建設性的做法。

奶茶的實驗

推論統計是由英國統計學者羅納德・愛爾默・費雪（Ronald Aylmer F sher，1890～1962）所提出。為了讓大家親身體驗整個過程，在此要介紹費在茶會進行的那個「知名實驗」。

在一九二〇年代末期的某天，費雪與幾位熟人在院子享受茶會。其中一位喜歡紅茶的婦人提到「煮奶茶的時候，先倒牛奶還是先倒紅茶，味道會不一樣喔」。聽到這個說法的紳士，有一半都嗤之以鼻地表示「哪有這種事，哪邊先倒，最終還不是都混在一起」，

【費雪的奶茶實驗】

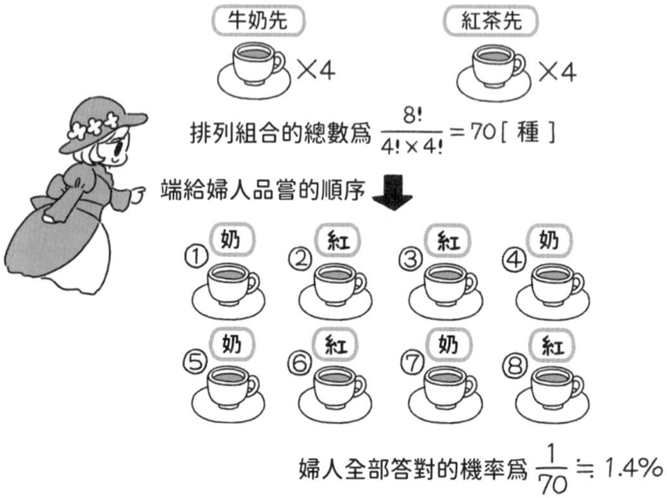

沒有人當一回事，只有費雪提議「那我們就做個實驗吧」。

他在婦人看不見的地方準備了四杯先倒牛奶的奶茶，以及四杯先倒紅茶的奶茶，然後隨機將這八杯奶茶端到婦人面前，請婦人逐杯判斷哪杯先倒牛奶，哪杯先倒紅茶，不過在進行實驗之前，他事先提醒了婦人，總共有兩種奶茶，而且會隨機端到她的面前，也提到這兩種奶茶各有四杯。

沒想到，婦人居然答對了這八杯奶茶的種類。就在其他的紳士一臉不服輸地說「這是巧合吧」的時候，費雪指出婦人全部答對的機率只有1.4%而已，也因此提出「這絕非偶然，對婦人來說，這兩種奶茶的味道的確不一樣」的結論。推論統計學的兩大概念，其一是根據取得的樣本，推測母體特性；其二是檢定樣本的差異是來自隨機誤差，還是有統計意義的差異。收視率或是即時開票結果都屬於「推論」的部分，至於驗證「一天喝兩杯咖啡，能夠抑制癌症」這類假說的部分屬於「檢定」。費雪進行的實驗屬於「檢定」的部分，這也是推論統計之中，最知名的實驗。

最先進的統計學

進入二十一世紀之後，貝氏統計成為統計學領域的一大主流。貝氏統計是以英國數學家湯瑪斯・貝斯（Thomas Bayes，1702～1761）提出的「貝氏定理」為基礎。儘管貝氏統計是二十一世紀最先進的統計學，但貝斯本身是十八世紀初的數學家兼牧師，他的時代可是比凱特勒早了一百多年啊，沒想到他的理論會在二十一世紀的時候，再次受到青睞。為什麼這個能於現代社會應用的理論會被埋沒兩百多年呢？一般認為，這與貝氏統計具有的下列兩種性質有關。

①允許任意性（缺乏邏輯的必然性）

②計算太過複雜

源自「貝氏定理」的貝氏統計因為①的性質，長期遭受力求嚴謹的數學家批判，但反過來說，所謂的任意性能於「不嚴謹的情況應用」，近年來，也證明任意性具有這項優點。就現實社會而言，不一定所有的條件都十分嚴謹。只要符合經驗或常識，就算沒有充分的理由，貝氏統計允許隨機設定參數（會變動的值）。簡單來說，貝氏統計允許直覺的存在，所以才能於傳統統計無法處理的情況應用。

至於②的部分，在電腦已然普及的現代已不是問題。

隨著機率論、微積分、線性代數這類數學理論與電腦的發展，源自古代國家的統計不斷地發展，從普查依序發展為敘述統計、推論統計與貝氏統計。或許我們可以這麼說，隨著數學與科技的進步，兩千年前播下的種子如今已是一朵盛開花朵。在現代社會之中，透過統計這層濾網篩選的數字終將成為我們判斷與預測的根據，數字可描述社會，數字可改變社會。

若問「數學有何實用之處？」統計將是答案之一。

第5章

不可思議的影響力

乍看之下，棒子有幾根？

這麼問雖然有點唐突，不過大家有辦法瞬間回答下一頁的圖①有幾根棒子嗎？一般認為，人類能夠瞬間掌握的數大概三個或四個，所以大部分的人若是不用手指計算，恐怕很難答出圖①的棒子到底有幾根（正確答案是十三根）。

「1、2、3」的羅馬數字為「I、II、III」，但「4」的羅馬數字不寫成「IIII」而是「IV」，這是因為寫成「IIII」之後，有些人很難一眼看出有四根棒子（不過，更久之前，似乎是以「IIII」代表4）。

其實圖①與圖②的棒子數量都一樣，但是如圖②分組後，就不需要折手指也能快速算

【棒子總共有幾根？】

圖①

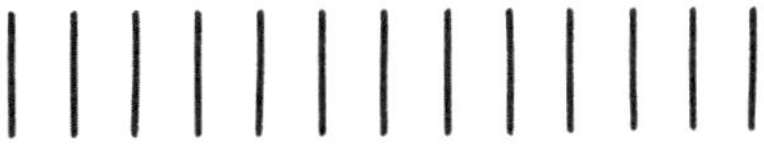

圖②

出根數。圖②這種以「5」為 組的數數方式早在很久已前就已經普及，而這種記號又稱為「five-bar gate」。日本與台灣也很常使用「正」這個字，也就是以五個為一組的數數方式。

不過，當數量增加，這種方法就會變得很不方便。比方說，要以「正」字說明「96」，恐怕是一件很麻煩的事，因此才產生了根據數的位置決定哪個群組有幾個數的方法。這種方法稱為位置記法（positional notation，進位制）。數在位置記法之中的位置稱為「位置」或是「位數」。

比方說，在下一頁的圖中，「卌」代表有五個「卌」，所以在這個規則之下的「341」代表有三個「卌」，「卌」有四個，餘數有一個。

【341怎麼畫？】

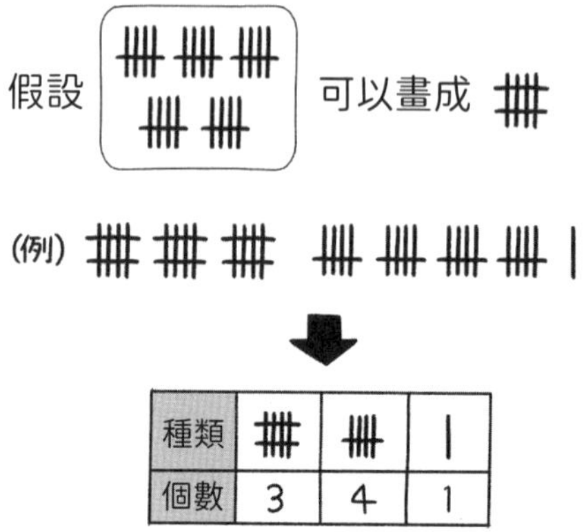

以上述的圖案代表「341」→「五進位」

十進位普及的理由

「N進位」的意思是在位置記法之中，當數有N個放在一起時，就將這些數看成「一個區塊」，然後進入下個位置（進位）的計算方式。以上圖為例，只要有「5」根棒子放在一起，就將五根棒子視為「一個區塊」，然後再進位，所以這種方式就稱為「五進位」。

我們平常使用的記法為十進位。只要沒有特別說明，「324」就代表「3×100＋2×10＋4」的意思（寫成「三百二十四」其實更簡單明瞭）。「百位」代表將十個「10」視為「一個區塊」的位數，所以是「10×10的位數」。同理可證，N進位的

【N進位制】

十進位制

341

10^2的位數	10^1的位數	餘數
3	4	1

$$= 3 \times 10^2 + 4 \times 10^1 + 1$$

N進位制

$abc_{(N)}$

N^2的位數	N^1的位數	餘數
a	b	c

$$= a \times N^2 + b \times N^1 + c$$

位置記法可如上圖定義。右下角的「N」代表N進位。

十進位之所以成為最普及的記法，最大的理由是人類的手指加起來總共有十根。如果我們的手指跟米奇老鼠一樣，加起來只有八根，恐怕普及的就是八進位了。如此一來，八進位的「10」個糖果就會是「1×8＋0」，也就是我們所說的八個。從單手手指有五根，以及人類能瞬間掌握的數為「四」這兩點來看，就算出現使用「五進位」的社會沒什麼好驚訝的。其實菲律賓的伊哥洛特人或是南美、印尼的局部地區，到現在都還使用「五進位制」。此外，古代蘇美人使用的是六十進位法，繼承這套方法的巴比倫人於是想出每六十秒為一分鐘，每六十分鐘為一小時的時間標示方式。之所以選擇「六」為「一個區塊」，據說是因為因數較多，比較方便計算，據說基於這個理由，阿拉伯的數學家在某個時期之前，都以六十進位制進行天文學的計算。

二進位制與哲學家培根

除了十進位之外，其他的進位制偶爾也會在我們的生活留下蛛絲馬跡。一打是十二個，一籮是12×12個，一年是十二個月，這都是十二進位制殘留的餘溫。此外，法語的八十說成「quatre-vingts」，但這其實是4（quatre）×20（vingt）的意思，換言之，這種說法留有二十進位制的影子。

不過，這些說法充其量都只是「殘骸」，不能說是主流的用法。在現代，能夠力退十進位的進位制莫過於電腦世界的二進位制與十六進位制。USB隨身碟的容量都是以16GB、32GB、64GB、128GB、256GB的倍數遞增，不會看到20GB、100GB這種符合十進位制的數字。一如高爾夫球整盒整盒買的時候，都會是十二顆、二十四顆、三十六顆（因為以十二進位制的「打」為基本單位），電腦世界的十六進位法是以「整數×16GB」為「整數」。為什麼電腦的世界會使用十六進位制呢？這是因為與二進位制十分相容，這部分也會在後續進一步介紹。

催生二進位制的是留下「知識就是力量」這句名言，強調唯有來自經驗與觀察的知識，才能帶領人們走向真理的英國哲學家法蘭西斯・培根（Francis Bacon，1561～1626）。他在設計「培根密碼」這個新密碼的時候，湧現了某個靈感。他發現，準備五個「大寫英文字母、小寫英文字母」或是「○與×」這種「擁有兩種狀態的符號」，就能組出25＝32種組合，也就能與26個英文字母完全對應，而且「擁有兩種狀態的符號」不一定非得是文字，可以是光線的「明與暗」，聲音的「有與無」。

培根這種超越時代的點子在大約兩百三十年之後，由摩斯密碼（以「點」與「劃」這兩種聲音通訊的方式）所沿用。培根死後，發明現代二進位制的天才就是本書多次介紹的點子王哥萊布尼茲。他將「0」與「1」當成「具有兩種狀態的符號」，在一六七九年發表的論文《二進位制計算的說明》整理了二進位制的計算方法。

217頁的表格是萊布尼茲於論文刊載的二進位制與十進位制的對應表。要一眼看出二進位制代表的數，需要經過一些訓練，但想要熟悉二進位制的讀者，不妨拿一張白紙，試著寫一遍這張對應表。慢慢地就能掌握只能使用0與1這兩個數字，以及進位的感覺。

此外，若是在折手指數數的時候使用二進位制，可以只用單手算到「31」這個數字，若是使用雙手數數，最多可以數到「1023」這個數字。這種「二進位制折手指數數」能在日常生活的許多場景使用，是非常方便的計數方式（只是一開始可能會覺得手指折得有點痛……）。

大數為人類知性的證據

在使用二進位制的電腦世界裡，電氣的「On與Off」或是電流「向右與向左流動」都是以「0與1」對應。這麼做的主要理由就是讀取的誤差會變少。若以十進位制判斷訊號，就得使用「0」～「9」這十種訊號，假設要利用流過的電流量判斷這十種訊號，就得更加精準地掌握電流量的多寡。

反觀只有「0」與「1」的二進位制就只需要判斷「無」與「有」，也就是all-or-nothing的概念，沒有中間的部分，所以比較簡單易懂，也不容易產生錯誤，而且判斷有無電流流經的電路較為單純。不過，二進位制也有缺點。從「32」需要六位二進位數「100000」這點便可得知，數字越大，位數就會急速增加，因此電腦搭配十六進位制，隨

【二進位制與十進位制的對應表】

二進位制						十進位制
					1	1
				1	0	2
				1	1	3
			1	0	0	4
			1	0	1	5
			1	1	0	6
			1	1	1	7
		1	0	0	0	8
		1	0	0	1	9
		1	0	1	0	10
		1	0	1	1	11
		1	1	0	0	12
		1	1	0	1	13
		1	1	1	0	14
		1	1	1	1	15
	1	0	0	0	0	16
	1	0	0	0	1	17
	1	0	0	1	0	18
	1	0	0	1	1	19
	1	0	1	0	0	20
	1	0	1	0	1	21
	1	0	1	1	0	22
	1	0	1	1	1	23
	1	1	0	0	0	24
	1	1	0	0	1	25
	1	1	0	1	0	26
	1	1	0	1	1	27
	1	1	1	0	0	28
	1	1	1	0	1	29
	1	1	1	1	0	30
	1	1	1	1	1	31
1	0	0	0	0	0	32

【二進位制折手指數數】

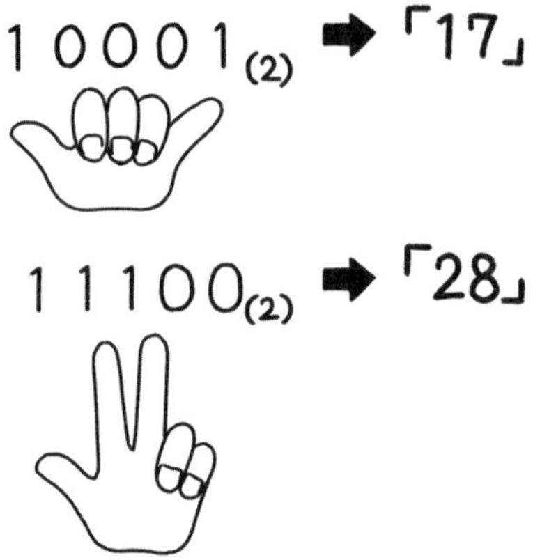

時進行二進位制與十六進位的轉換。之所以會為了減少位數而選擇十六進位制，是因為十六進位制能夠快速轉換成二進位制。

在此為大家進一步說明。由於十六進位制需要十六種符號，所以除了「0～9」之外，還使用了「A～F」這些英文字母。次頁圖是二進位制、十六進位制、十進位制的對應表。在此要請大家注意的是，二進位制的最大四位數「1111」與十六進位制的最大一位數「F」對應這點。這代表將二進位制的數切成每段四位數的數，就一定能與十六進位制的一位數對應，由此可知，兩者的轉換十分單純。

人類為了計算一定程度以上的大數使用了「five-bar gate」這類符號，或是設計了十進位制、二進位制、十六進位制這類位置記法，而設

【二進位制、十六進位制、十進位制的對應表】

二進位制	0	1	10	11	100	101	110	111	1000	1001	1010	1011	1100	1101	1110	1111
十六進位制	0	1	2	3	4	5	6	7	8	9	A	B	C	D	E	F
十進位制	0	1	2	3	4	5	6	7	8	9	10	11	12	13	14	15

(例)二進位制　1001　1101　0010　1111　1011

↓　↓　↓　↓　↓

十六進位制　9　D　2　F　B

轉換超簡單！

計這些符號或是位置記法是需要「知性」的。換言之，能夠數算大數代表知性已臻成熟，隨著文明越來越發達，我們處理的數字也越來越大。

其實要計算東西的數量，光是知道標記數量的方法還不夠，還得注意東西的順序，以及是否允許重複的東西出現，也就是需要具備「排列組合」的知識。公務員考試或是就職考試之所以常常出現「有幾種情況？」這種題目，全是因為這類題目能夠衡量應試者的知性。

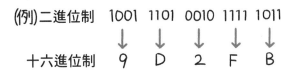

哪種定存方案比較划算？

假設某間新創立的外資銀行為了記念進軍日本市場而舉辦了「吸引新顧客」的活動。這項活動的重頭戲在於從參加者之中抽出一人，給予特別儲蓄優惠。令人意外的是，這項特別儲優惠居然是年利（一年的利息總和）100%。不過，這個優惠利息的期間只有一年。此外，這個特別儲蓄優惠還有下列兩種方案，參加者可自行選擇其中一種。如果是你，你會選擇下列哪種方案呢？

方案A：一年後，根據當下的餘額領取100%的利息。

方案B：每半年，根據當下的餘額領取50%的利息。

只要簡單算一下就會知道，方案B比較划算。讓我們一起確認看看吧。假設一開始存進去的金額為一百萬日圓。

『方案A的情況』

一年後的餘額（與一開始一樣）為一百萬日圓，所以能領取的利息為

100 萬日圓×100%＝100 萬日圓

加上本金之後，一年後的戶頭餘額為

100 萬日圓＋100 萬日圓＝200 萬日圓

『方案B的情況』

半年後的餘額為一百萬日圓，所以此時能領取的利息為

100 萬日圓×50%＝50 萬日圓

等到再經過半年的時候，餘額為一百五十萬日圓，所以此時能領取的利息為

150 萬日圓×50%＝75 萬日圓

與本金加總後，一年後的戶頭餘額為

100 萬日圓＋50 萬日圓＋75 萬日圓＝225 萬日圓

由此可知，假設年利的總和固定，分期領取利息比較划算。

不相似的鱷魚很討厭

那麼分越多期，就能領到越多的利息嗎？十七世紀末，有位數學家調查這個題目，他就是瑞士的雅各布・白努利（Jakob Bernoulli，1654～1705）。在十七世紀至十八世紀這段期間，被譽為「數學一族」的「白努利」家族誕生了多達八位的知名數學家，而雅各布更是其中出類拔萃的人物。

讓剛剛的「利息分期問題」一般化之後，就是將100%的利息分成n等分，然後分成n次領取，再算出總額的問題。最終領取的本金加利息的總和就是在本金乘上 $(1+\frac{1}{n})^n$ 的金額（這次介紹的利息就是41頁介紹的「複利」）。

雅各布・白努利發現在公式 $(1+\frac{1}{n})^n$ 的n代入越來越大的數之後，一年後的本金加利息雖然會增加，但是增加的速度會鈍化，而且似乎有上限。

【白努利的計算】

當本金爲a元，利息爲r時，本金加利息的總和爲

$$a+a\times r=a(1+r)\ [元]$$

將年利100％ 分成n等分的利息爲

$$\frac{100\%}{n}=\frac{1}{n}$$

在本金爲100萬元，並且將年利100%分成n等分，
再分成n次領取的情況，本金加利息的總額爲

$$100\underbrace{\left(1+\frac{1}{n}\right)\left(1+\frac{1}{n}\right)\cdots\cdots\left(1+\frac{1}{n}\right)}_{n次（複利）}=100\left(1+\frac{1}{n}\right)^{n}$$

當他繼續計算，便發現不管年利分成再多期，本金加利息的總額也不會超過2.7182818……倍（參考下一頁）。

這個上限值就是與圓周率同等重要的數學兩大常數「自然常數」。雖然有點畫蛇添足，但大家可利用「不相似的鱷魚很討厭」這個特殊的口訣記住自然常數的值（編按：讀音與日文數字諧音）。

儘管最先發現自然常數是數學本質的是雅各布·白努利，但這個常數通常不會稱為「白努利數」。

這是因為在他之前，蘇格蘭數學家約翰·納皮爾（John Napier，1550～1617）就已經在研究對數的著作的附

【自然常數】

$$y=\left(1+\frac{1}{n}\right)^n$$

n	y
1	2.000000
10	2.593742……
20	2.653298……
100	2.704814……
1000	2.716924……
10000	2.718146……

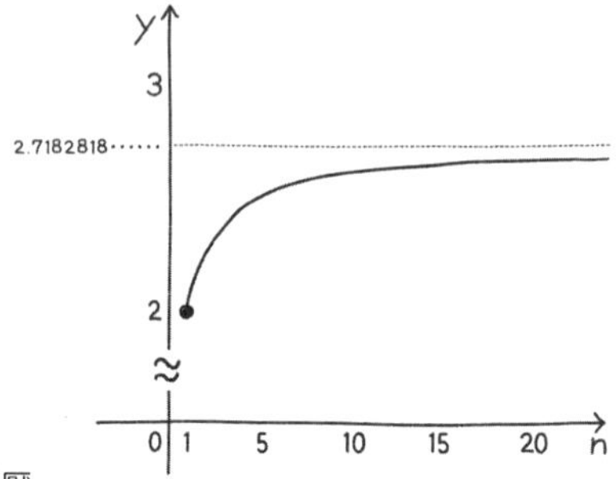

∞ 不相似的鱷魚很討厭

2.7182818……＝e

自然常數

錄表記載了自然常數的近似值。就這個與圓周率同等重要的常數而言，這個首次亮相的排場還真是微不足道啊。雖然納皮爾未能察覺這個自然常數的數學本質，卻仍是第一位提到自然常數的人，所以自然常數也以他的名字命名。

此外，所謂的「對數」就是同一個數連乘的次數。比方說，以對數的方式說明「2連乘3次（2的3次方）為8」，就會說成「以2為底時，8的對數為3」這種說法。

假設「$y=\log_2 x$」，當x為8，y就等於3，x為32，y就等於5（參考上圖），y值由x的值決定。換言之，y為x的函數（170頁）。

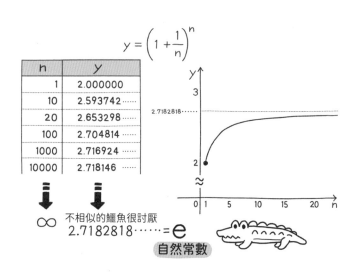

一般來說，「$y=\log_a x$」的 y 是 x 的函數，也稱為對數函數。

數學史上產出最多論文的數學家

另一位與白努利背道而馳，找到這個自然常數的數學巨人就是瑞士數學家李昂哈德·歐拉。歐拉在微分對數函數時，找到了這個自然常數。所謂的微分，簡單來說就是針對某個函數，算出該函數圖形的切線的斜率。

顧名思義，「微分」就是「細微地切分」的意思。若問是將何物細微地切分，答案就是函數的圖形。將圖形切成極細微的小段之後，就算原本是曲線，看起來也會變成「直線」，而針對圖形的某個點計算該直線（也可說是該點的切線）的斜率，就是微分的過程。

歐拉在調查對數函數的圖形切線的斜率時，便發現了自然常數的存在。用來代表自然常數的「e」就是歐拉提出的。一說認為，歐拉以自己的名字「Euler」的首字作為自然常數的代號，但自然常數是同一個數（1+1/n）累乘之後出現的數，所以把這個「e」視

【對數：logarithm 的定義】

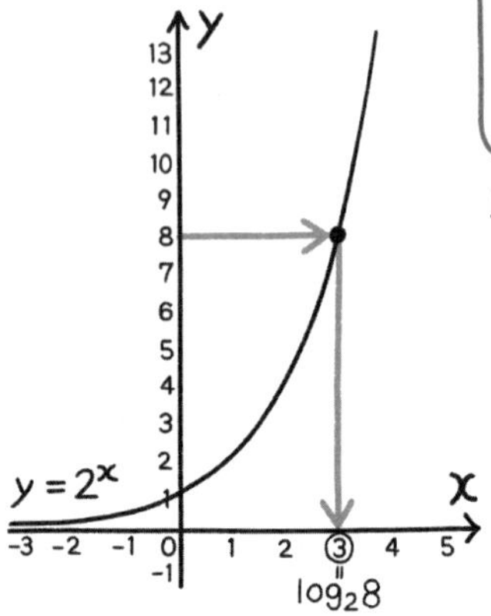

$a^x = M$ 的時候，x 爲
「以 a 爲底的 M 的對數」，會寫成
「$x = \log_a M$」

比方說⋯⋯ （logarithm）
滿足 2^x 爲 8 時的 x 可寫成
$\log_2 8$
（$2^3 = 8$，所以 $\log_2 8 = 3$）

【其他範例】
$2^5 = 32$，所以 $\log_2 32 = 5$
$10^3 = 1000$，所以 $\log_{10} 1000 = 3$

為「exponential」（指數的）的首字比較正常。

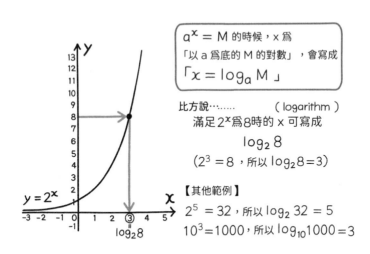

歐拉被譽為「數學史上，產出論文最多的數學家」，一般的數學家窮極一生，最多只能寫出八百頁左右的論文，然而歐拉卻是每年發表一篇這樣的論文。由於他留下的成就實在太多，從一九一一年開始發行的「歐拉全集」至今還沒發行完畢。其實自然常數與圓周率都是無理數（240頁），也就是小數點以下的數字不斷地延續，而且沒有任何規律的數。

圓周率（π）與自然常數都不是單純的無理數，而是屬於超越數這個群組的數。接下來的說明雖然有點艱澀，不過所謂的超越數就是無法成為「代數方程式

【代數方程式】

$$a_n x^n + a_{n-1} x^{n-1} \cdots\cdots + a_0 = 0$$

$$\left(\begin{array}{l} a_n, a_{n-1}, \cdots\cdots, a_0 \\ \text{與} x \text{無關的常數，而且} a_n \neq 0 \end{array} \right)$$

李昂哈德·歐拉

解的數」。一如上方的圖所示，「代數方程式」就是只以與x無關的常數以及x的整數次方（例如x^2）這些項寫成的方程式。比方說，$\sqrt{2}$雖然是無理數，卻是$x^2-2=0$這個代數方程式的解，因此$\sqrt{2}$雖然是無理數，卻不是超越數。

超越數是獨一無二的

當數為超越數，就無法只以整數以及次數有限的四則運算描述，我覺得這就像是無法以一句「像是○○的選手」來形容前陣子剛從美國大聯盟引退的鈴木一朗選手一樣。一如鈴木一朗選手是空前絕後的選手，超越數也是獨一無二的。

【e^x 的特殊性質】

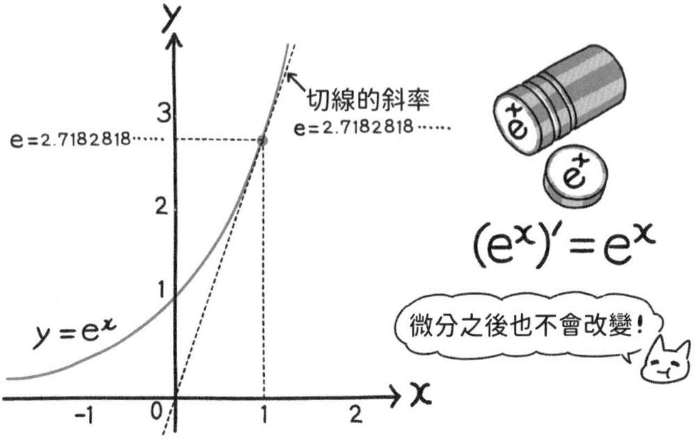

自然常數與圓周率一樣，常於說明各種自然規律的公式之中出現，例如常態分布、物體在受到風的阻力時，而上而下掉落的速度、放射性物質的原子數，這類例子可說是不勝枚舉，就連本書也不時提到 e 這個自然常數。

為什麼自然常數 e 會在這麼多地方出現呢？原因之一是因為 e^x 這個指數函數擁有微分之後，形狀也不會改變的特性（某個點的切線的斜率永遠與該點的 y 座標相等）。經過微分，形狀也不會改變的意思是反過來積分，形狀也不會改變的意思。

一旦公式出現過 e^x，就會像是每個剖面都是相同頭像的金太郎糖一樣，再怎麼微分或積分，都會出現相同的 e^x。

【底為e的對數函數在經過微分之後】

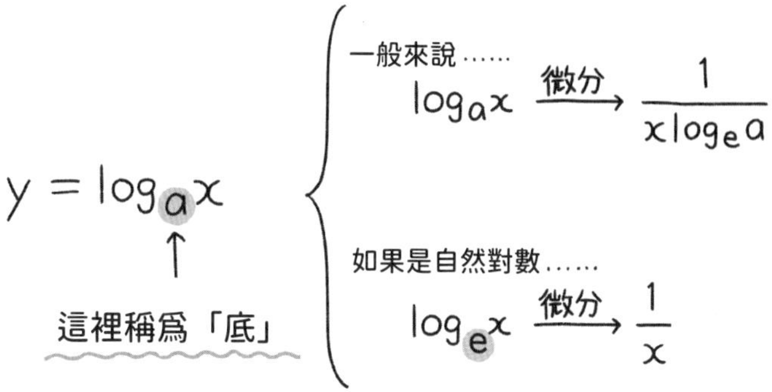
$y=\log_a x$
這裡稱爲「底」
一般來說……
$\log_a x \xrightarrow{微分} \frac{1}{x\log_e a}$
如果是自然對數……
$\log_e x \xrightarrow{微分} \frac{1}{x}$

底（參考上圖）為e的對數函數是經過微分之後，就會變成$\frac{1}{x}$的單純函數（這個點的切線的斜率永遠是該點的x的倒數，也就是$\frac{1}{x}$）。總覺得神要在選擇一個值做為對數的底的話，應該會根據「簡潔」這個數學之美（121頁）選擇，所以一定會選擇這個e（意思是，這個數並非人造的，而是宇宙＝自然從天地之初就預先準備的對數），而以e為底的對數函數也慢慢地被稱為自然對數。

遇到理想的另一半的機率

由於對數函數的底通常可以自由設定，所以偏好簡潔的數學界在需要使用對數函數時，通常會選擇自然對數，這也是e之所以常常出現的理由之一。

常於描述自然定律的公式之中出現，相對意味著「e=2.71828……」這個值在各種自然現象之中具有一定的影響力。雖然話題有點偏離，不過「遇到理想的另一半的機率」也與e有關。

【祕書問題】

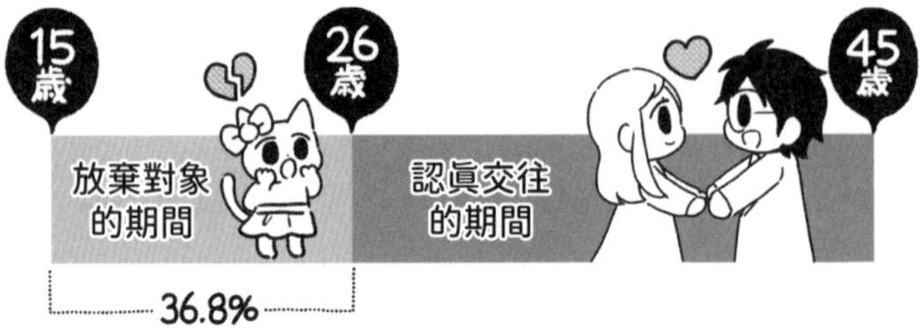

假設進入適婚期之後，會與不同的人交往（或是相親）。此時很難確定對方就是「理想的對象」。就算再怎麼喜歡最初遇見的人，就這樣決定結婚的話，風險還是不低，因為有可能後面會遇到更好的人。話說回來，如果總是抱著這種「騎驢找馬」的心態，總有一天會錯過適婚期，因此可替自己設定「在認識幾個人之前都無條件放棄結婚，但之後只要出現『目前最佳選擇的人』，就斷定對方是最理想的另一半」的策略。

問題在於「如何設定該錯過幾個人的人數」。不過大家不用特別擔心這個問題，因為這個問題與想要雇用祕書的人（雇主）該思考的問題很類似，也就是所謂的祕書問題，數學界也已提出這個問題的答案。雖然前提是必須遇到多於一定程度以上的人數，但只要設定在達到交往人數的 36.8% 之前「都只是為了收集資訊與樣本，所以無條件放棄與對方結婚」的策略，就能讓遇到理想對象的機率拉到最高。

這就是俗稱的「36.8% 定律」，有趣的是這個 36.8% 正是 1 除以 e 的值（1 ÷ 2.71828……≒ 0.368）。

此外，這個「36.8% 定律」不僅能套用在交往的人數，也能套用在交往期間。意思是假設將十五歲～四十五歲這三十年視為尋找另一半的「交往期間」，那麼在經過三十年的 36.8% 之前，也就是在26歲之前，不管遇到什麼對象，都選擇不結婚比較好。

圓周率與自然常數有許多共通之處，也被譽為「數學的兩大常數」，但其中之一是於西元前兩千年之際問世，另一個卻是直到十七世紀才被發現，兩者被人類發現的間隔接近四千年之久。

這兩個值不僅是無法得知正確值的無理數，更是唯一無二的超越數，還在數學以及自然科學的各種領域登場。還有其他類似的「常數」還沒被發現嗎？我覺得光是思考這個問題，就充滿了浪漫。

人類探索圓周率

東京大學入學考試的知名問題

「為什麼圓周率是3.14？」大家是否思考過這個問題？東京大學的入學考試曾出現「請證明圓周率大於3.05」這個問題。這恐怕是最知名的東京大學入學考試的題目，所以可能有些讀者已經聽過這個題目。

話說回來，圓周率到底是什麼？我們曾在小學的時候學過「直徑×圓周率＝圓周」這個公式，稍微整理一下這個公式就會知道所謂的圓周率（其實從字面就知道意思）就是直徑與圓周的比例。

意思就是，圓周的長度大概是直徑的三倍。想必大家都知道，所有的圓都長得很像（面

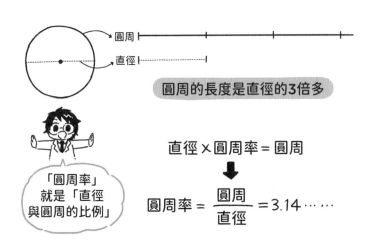

【何謂圓周率】

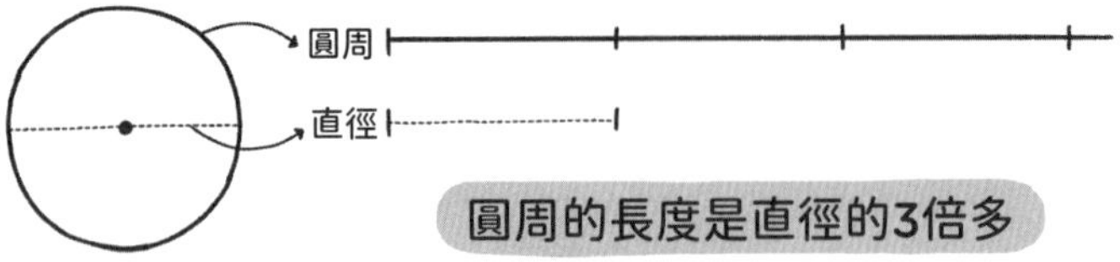

直徑×圓周率＝圓周

$$\text{圓周率} = \frac{\text{圓周}}{\text{直徑}} = 3.14\cdots\cdots$$

積不同，但形狀相同），因此所有的圓形都有相同的性質，不會出現某個圓的圓周小於直徑的三倍，也不會出現某個圓的圓周大於直徑的四倍。反過來說，只要能算出直徑與圓周的比例，就能算出該圓的圓周率。

阿基米德的結論

不過，要求出「圓周的長度」其實不太容易。

其實是有一些原始的方式可以測出圓周的長度。比方說，先在輪胎塗油漆，再讓輪胎滾動（盡可能不要讓輪胎打滑），然後在輪胎轉一圈之後，測量油漆痕跡

【計算圓周的長度】

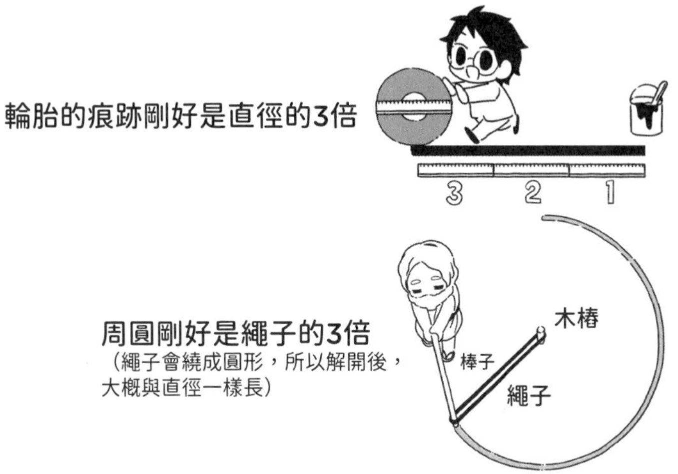
輪胎的痕跡剛好是直徑的3倍
3
2
1
周圓剛好是繩子的3倍
（繩子會繞成圓形，所以解開後，
大概與直徑一樣長）
木樁
棒子
繩子

的長度是一種方法，或是在地面打一個木樁，接著將繩子的一端綁在上面，再於另一端綁一根尖尖的棒子，做出類似圓規的裝置，然後在畫出圓形之後，測量圓周是繩子的幾倍長（由於繩子會繞一圈，所以只要鬆開繩子之後，繩子的長度就幾乎與直徑相等），也是一種方法。

其實在西元前兩千年左右的巴比倫尼亞地區（現代的伊拉克南部）就利用後者的方法測出直徑與圓周的比例，當時的人們認為這個比例大概是3.125左右。

話說回來，只要是測量，就一定會出現誤差，所以很難得知正確的值，因此古希臘的阿基米德（西元前287?～西元前22）就想利用正多邊形推測圓周的長度。

【阿基米德的計算】

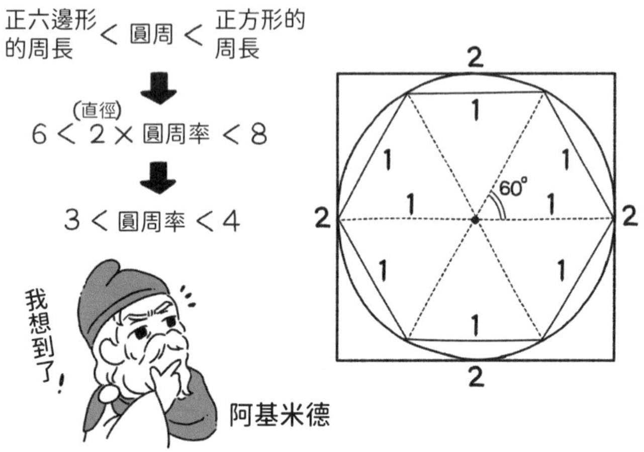

請大家先看一下上圖。在半徑為一（直徑為二）的圓形之內，有一個內接（各頂點落在圓周上）的正六邊形，還有一個外接（圓周與各邊相接）的正方形。從這張圖可以得知，正六邊形的周長小於圓周，而圓周則小於正方形的周長。如此一來便可證明圓周率比三大，但小於四。不過，正方形與正六邊形的周長與圓周的長度差距過大，所以這個「推測」的誤差也太大。

若要更精準地推測，應該要繼續增加正多邊形的頂點，如此一來，圓形與正多邊形之間的「間隙」就會變小，正多邊形的周長也會更接近圓周。順帶一提，開頭提及的東京大學入學考試題目只要使用與圓形內接的正十二邊形就能解決（解

【參考：東京大學入學考試題目的解答範例】

如圖所示，思考與圓形內接的正12邊形。

求出圖中的x。

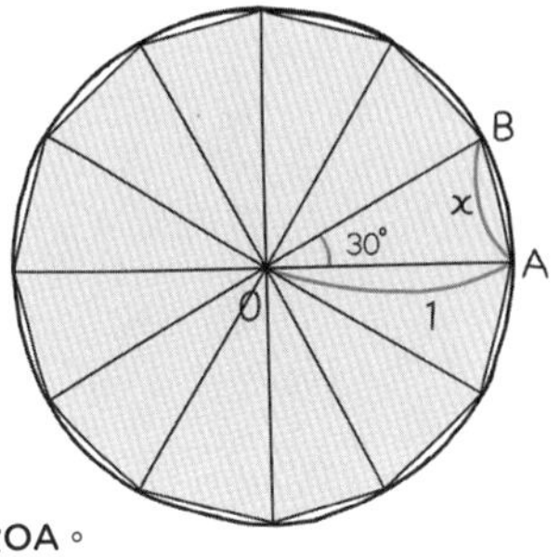

在右下圖畫一條從B往下垂直延伸的線段OA。
當某個角的角度爲30度，而且該三角形爲直角三角形，則各邊長的比爲 $1:2:\sqrt{3}$
因此可從線段 OB=1 算出線段 $BH=\frac{1}{2}$，
線段 $OH=\frac{\sqrt{3}}{2}$。此外，線段OA也是半徑，所以線段 OA=1 ，因此

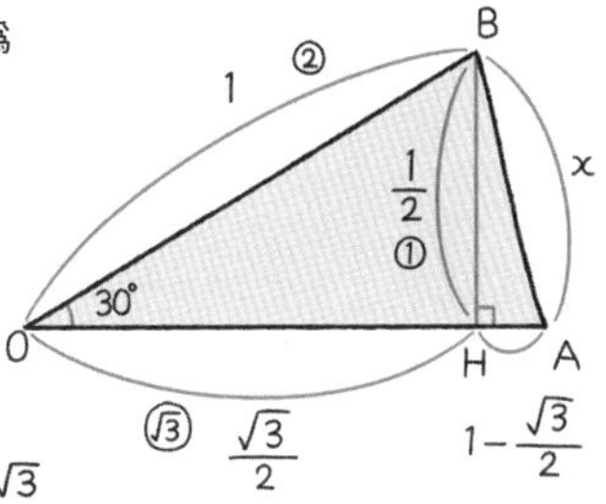

接著在 △BHA 套用畢式定理。

$$x^2=\left(1-\frac{\sqrt{3}}{2}\right)^2+\left(\frac{1}{2}\right)^2=1-\sqrt{3}+\frac{3}{4}+\frac{1}{4}=2-\sqrt{3}$$

由此可以導出

$$x=\sqrt{2-\sqrt{3}}=\sqrt{\frac{4-2\sqrt{3}}{2}}=\sqrt{\frac{3-2\sqrt{3}+1}{2}}=\sqrt{\frac{(\sqrt{3}-1)^2}{2}}=\frac{\sqrt{3}-1}{\sqrt{2}}=\frac{\sqrt{6}-\sqrt{2}}{2}=\frac{\sqrt{2}(\sqrt{3}-1)}{2}$$

接著利用 $\sqrt{2}>1.41$ 與 $\sqrt{3}>1.73$ 計算x的近似值。

$$x=\frac{\sqrt{2}(\sqrt{3}-1)}{2}>\frac{1.41\times(1.73-1)}{2}=\frac{1.41\times0.73}{2}=0.51465>0.51$$

假設與半徑爲1的圓形內接的正十二邊形的周長爲L

$$L=12x>12\times0.51=6.12>6.10 \cdots\cdots①$$

從圖中可以得知，L小於半徑1的圓周（2π），所以從①可以得出

$$6.10<L<2\pi\Rightarrow6.10<2\pi\Rightarrow3.05<\pi$$

（證明結束）

答範例請參考前一頁的說明）。

阿基米德利用與圓形內接的正九十六邊形以及外接的正九十六邊形得出圓周率比 3.1408 大，但小於 3.1429 這個結論，意思是阿基米德成功算出小數點下兩位的圓周率。

松本人志與圓周率

在遠東地區，也曾透過正多邊形計算圓周率的值。比方說，在西元五世紀的時候中國宋朝的祖沖之（429～500）就從利用正 2 萬 4576 邊形算出小數點第六位的圓周率，到了西元十七世紀的時候，日本的關孝和（1642～1708）則成功利用正 13 萬 1072 邊形算出小數點第十位的圓周率。

管祖沖之與關孝和的毅力非凡，但在海的另一邊的西方，荷蘭數學家魯道夫・范・科伊倫（Ludolph van Ceulen，1540～1610）卻早就以正 2^{62} 邊形（2^{62} 約等於 461 京 1686 兆）算出小數點第三十五位的圓周率。「262」是多達十九位數的天文數學，光是想像在那個沒有電腦的時代，得耗費多少心力才能算出結果，就不禁讓人愕然失聲。德國為了讚揚他的功績，特地將圓周率命名為魯道夫數。雖然話題有點偏離，不過在知名電視節目【DownTown之不是給小孩的工作！】之中，有個DownTown二人組以有趣或奇怪的答案回答觀眾問題的專欄，曾有一位觀眾寫信提問「圓周率的最後一個數字是哪個數字？」

由於當時松本人志的回答實在太過精彩，所以我到現在都還印象深刻。由於最後一個數字一定是從0到9的其中一個，所以回答其中的任何一個數字，都在情理之中，這應該也是很難拿來搞笑的題目才對。不過，松本人志在與搭擋濱田雅功一搭一唱之後，便說「那我要揭露答案囉，圓周率的最後一個數字是……『？』！」（用文字描述的話，連當下萬分之一的趣味性都無法表達，所以為了維護松本人志先生的名譽，要先告訴大家，當時可是哄堂大笑的情況）。

我看了之後也不禁大笑，但隨即覺得這真是一記精彩的回答，因為在數學的世界裡，松本先生的答案無疑才是正確答案。

【有理數與無理數】

有理數

- $\frac{1}{8} = 0.125$
- $\frac{13}{32} = 0.40625$

→ 小數點以下的數爲有限個

- $\frac{1}{3} = 0.3333\cdots\cdots$
- $\frac{41}{333} = 0.123123123\cdots\cdots$

→ 小數點以下的數爲無限個 ⇒ 具有規律

無理數

- $\sqrt{2} = 1.41421356\cdots\cdots$
- $\sqrt{7} = 2.645751311\cdots\cdots$
- $\pi = 3.141592654\cdots\cdots$

→ 小數點以下的數爲無限個 ⇒ 沒有規律

無理數會一直延續下去

圓周率就是所謂的無理數。之所以稱為無理數，就是無法以分子與分母都是整數的分數呈現的數，也意味著這是小數點以下都是沒有規律，且無限延續的數。

反之，能以分子與分母都為整數的分數呈現的數（稱為有理數）就如上圖所示，小數點以下的數字不會是無限個，不然就是會無限延續，但具有規律的數。既然圓周率是無理數，代表數的排列沒有盡頭，也就是沒有「最後一個的數字」，也沒有規律，所以也無法回答，答案的確就是「？」。

話說回來，西元前四世紀的亞里斯多德似乎曾經預測圓周率會是無理數，但是這個預測一直等到十八世紀後半，才由德國數學家約翰・海因里希・朗伯（Johann Heinrich Lambert，1728～1777）與法國數學家阿德里安・馬里・勒讓德（Adrien-Marie Legendre，1752～1833）證明。阿基米德利用正多邊形「推測」圓周率的方法，不過是利用有限的事物「逼近」無限的事物，從一開始，就已經看出極限。

因此被譽為代數學之父的法國數學家法蘭索瓦・韋達（François Viète，1540～1603）便如上圖所示，想出以無數相乘的數描述圓周率。自韋達之後，數學界就轉換方向，改以這種無數延續的公式計算圓周率。於84頁介紹的拉馬努金的公式也是其中之一。

算出小數點以下三十一兆四千億位數的圓周率！

小數點以下為無限不規律（隨機）的數是指，只要是有限的數，不管是何種組合，都會在圓周率之中出現，除了與你的生日一致的四位數數字之外，圓周率應該也包含與地球上每個人出生年月日一致的八位數數字。

要讓電腦了解文字資訊，就得將文字轉換成數值，所以若是將莎士比亞的《哈姆雷特》

【韋達的公式（1593）】

$$\frac{2}{\pi}=\frac{\sqrt{2}}{2}\times\frac{\sqrt{2+\sqrt{2}}}{2}\times\frac{\sqrt{2+\sqrt{2+\sqrt{2}}}}{2}\times\frac{\sqrt{2+\sqrt{2+\sqrt{2+\sqrt{2}}}}}{2}\times\cdots\cdots$$

將 $\sqrt{2}$ 之中的2換成「$2+\sqrt{2}$」，
然後不斷累乘……

的全文全部轉換成數值，應該也有機會在圓周率之中，找到排列順序完全相同的一連串數字。這也能讓人感受「無限」的廣袤無垠。不過，上述的例子要想成立，圓周率的數就必須完全是隨機排列不可（這種排列方式稱為亂數）。從目前已知的圓周率可以發現，0～9的出現次數幾乎相同，所以許多人也因此認為圓周率的數字應該是呈隨機排列，但目前還沒得到數學方面的證實。

美國Google公司於二〇一九年三月十四日（圓周率日）發表來自日本的岩尾Emma Haruka成功算出小數點以下三十一兆四千億位的圓周率，一舉更新了二〇一六年的記錄，較之多出了九兆位左右，可說是相當厲害的記錄。岩尾從十二歲的時候就對計算圓周率產生興趣，也在圓周率世界記錄保持者筑波大學高橋大介教授的門下學習計算科學。

圓周率是絕對無法得知正確值的數。儘管如此，圓周率卻在與圓看似無關的領域，或是各種數學領域與自然科學的公式中出現，是既神祕又不可思議的「常數」。「既然是這麼重要的數，不知道正確值不是很不方便嗎？」或許是基於這種想法，十九世紀末的美國印第安納州居然透過法律規定了圓周率的值。醫師兼業餘數學家愛德華・古德溫向議會提出了一篇論文，其中提到了「直徑10的圓的圓周長為32」，沒想到議會居然認定「古德溫的論文為數學的新真理，應無償教導青少年這個真理」，還為此提出了法案。

如果這篇論文得到承認，那麼圓周率就會剛好是3.2這個數字，更扯的是，這項胡說八道的法案居然得到眾議院議員一致通過（！）。當時剛好有一位數學家拜訪州長，還好後來這位數學家得知了這項法案，印第安納州的年輕人真的是太幸運了。這位數學家急著徹夜向參議院議員說明「圓周率絕對無法算出正確的值」的道理，才讓這些參議院議員決定將這個法案定為無限延期的法案。

雖然差一步就鑄成大錯，但有些讀者或許會覺得「為什麼要如此執著於圓周率的正確值？將圓周率定為3.2的確是有一定程度的誤差，但直接將圓周率定為3.14，在實務上應該不會產生什麼困擾吧？」

讓「隼鳥號」得以回家的圓周率的值

不過，也有將圓周率定為3.14就會失敗的國家專案。

應該有不少人聽過日本的小行星探測器「隼鳥號」。隼鳥號在宇宙飛行時，曾一度與地球這端失去聯絡，但在相關人士的努力之下，成功地返回地球。這項奇蹟曾被許多報章雜誌大肆報導，甚至還拍成電影。聽說用來計算「隼鳥號」飛行軌道的圓周率值為「3.141592653589793」（16位數）。根據JAXA的說法，如果以圓周率3.14計算，很可能會算出誤差高達十五萬公里的軌道，意思是，就算隼鳥號與地球之間的通訊復活，恐怕也無法回到地球。

進入古希臘時代之後，東西方的數學家都不斷地挑戰圓周率的計算，到了現代，電腦工程師也不斷地挑戰這個題目，不過，這項挑戰絕對沒有「結束」的一天。

虛數與量子電腦

平方之後變成負的數

大家如果遇到「假設長與寬的和為十，面積為二十四，請算出這個長方形的長與寬的長度」這個題目會怎麼解呢？這聽起來很像是會在考試出現的題目，說不定會讓大家嚴陣以待，不過這道題目似乎不難。簡單來說，就是要找出相加為十，相乘為二十四的兩個數而已。心算就能算出這道題目的答案，也就是四與六。

如果將這道題目改成「假設長與寬的長度總和為十，面積為二十，請算出這個長方形的長與寬的長度」又該如何計算呢？

這次應該很難靠心算算出答案。不過，這算是符合國中三年級學生程度的標準問題，

【以圖形解二次方程式】

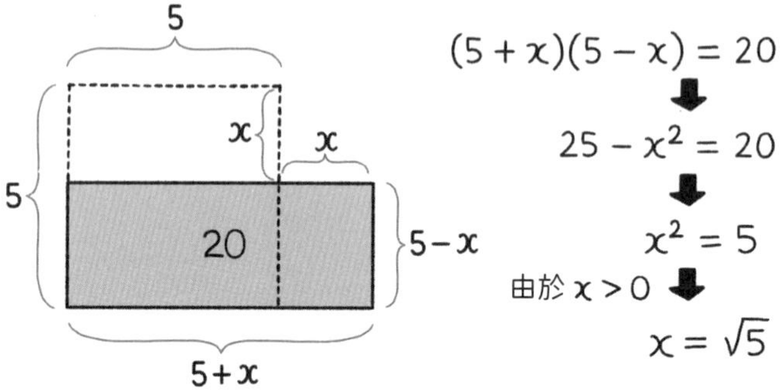

意思是先找出符合「長與寬的和爲10」的正方形，再讓這個正方形變形爲「面積爲20」的長方形。

只要將長的長度設定為x，再將寬的長度設定為y，然後寫成聯立方程式，就能利用二次方程式解的公式（299頁）算出答案。

不過本書要如上圖所示，以長寬皆為五的正方形為起點，找出長的長度少了x的長度，寬的長度多了x的長度的長方形，試著解出這道題目。如此一來，就會得到$x^2=5$這個結果，由於x為正數，所以$x=\sqrt{5}$，長方形的長與寬就會是$5-\sqrt{5}$以及$5+\sqrt{5}$。

接著讓我們以相同的手法計算「和為10，積為40的兩個數」，然而這次會算出$x^2=-15$這個結果。這下糟了，因為沒有會在平方之後變成負數的數……。

【卡丹諾的答案】

$$(5+x)(5-x)=40$$

↓

$$25-x^2=40$$

↓

$$x^2=-15?$$

雖然卡丹諾很難說服自己…但還是將……

↓

$$x=\sqrt{-15}$$

視爲答案。

吉羅拉莫·卡丹諾

實際情況 $(5+\sqrt{-15})+(5-\sqrt{-15})=10$

$$(5+\sqrt{-15})(5-\sqrt{-15})$$
$$=25-(-15)$$
$$=40$$

就連發明三次方程式解公式而聲名大噪的義大利數學家吉羅拉莫·卡丹諾（Gerolamo Cardano，1501～1576）也在其著作《大術》（Ars Magna）遇到了完全相同的問題。不過卡丹諾並未放棄，也不覺得無解，而是仿照 $x^2=5 \rightarrow x=\sqrt{5}$ 的方式，硬將「-15」代入根號之中，得出了 $x^2=-15 \rightarrow x=\sqrt{-15}$ 的結論。

在卡丹諾得出答案為 $5+\sqrt{-15}$，與 $5-\sqrt{-15}$ 之後，便在書中提到「若能忽略精神上的痛苦，這兩個數的總和的確為十，乘積的確為四十。但這不過是一種詭辯，就算讓數學達到如此精密的地步，也沒有任何實務上的用途」。

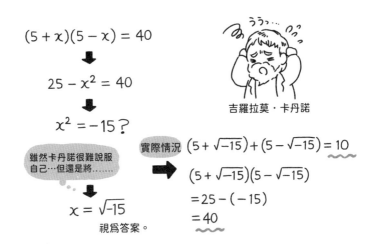

【總和為10的2個數的乘積】

和為10	…	-2	-1	0	1	2	3	4	5	6	7	8	9	10	11	12	…
	…	12	11	10	9	8	7	6	5	4	3	2	1	0	-1	-2	…
積	…	-24	-11	0	9	16	21	24	**25**	24	21	16	9	0	-11	-24	…

↑ 最大値（25）

挑戰虛數的天才

其實卡丹諾有點半推半就地承認虛數的存在，但是《大術》的確是第一本提到「平方之後為負數的數」的書籍。此外，「和為十，積為四十的兩個數」之所以不存在，在於和為十的兩個數最多只能乘出二十五這個數（參考前一頁的表格）。

今時今日，將「平方之後成為負數的數」稱為虛數，也就是實際上不存在的數，所以無法在現實的數（又稱為實數）組成的數線找到。因此，法國數學家勒內·笛卡兒才將卡丹諾提出的「平方之後成為負數的數」以「nombre imaginaire（想像中的數）」這個帶有否定意義的法文命名，而這個法文便是虛數的英文「imginary number」的語源。

【虛數單位 i】

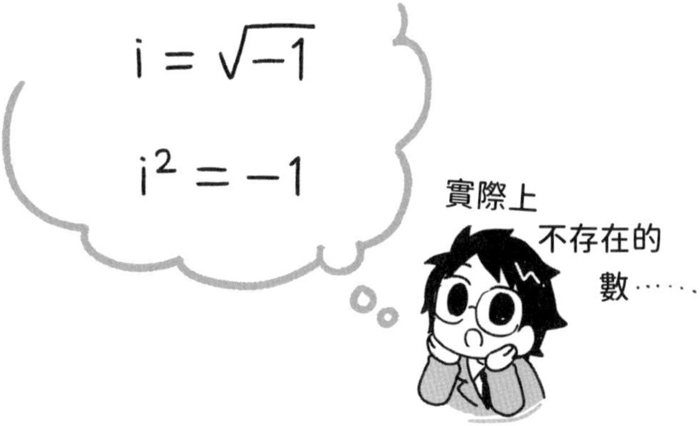

一如前述，笛卡兒是讓公式與圖形成功結合的人，所以可能很難接受「無法在圖形標記的數」。但是進入十八世紀之後，出現了一位探索「虛數＝無法於圖形之中標記，只於想像之中存在的數」的天才，他就是本書一再提及的瑞士數學家李昂哈德．歐拉。歐拉將$\sqrt{-1}$定為虛數單位，再以「imginary number」的首字「i」做為虛數的代號，也在漫長的研究之後，找到了「歐拉公式」這被譽為「世界上最美麗的公式」。

不過，就算歐拉繼續深入研究虛數，當時承認虛數的人並不多。當時的歐洲學者連負數都花了好長的時間才接受，所以會對「只於想像之中存在的數」抱持懷疑也是無可厚非的事。

【歐拉公式】

$$e^{ix} = \cos x + i \sin x$$

●的部分爲虛數單位的「i」

高斯的發現

這個風向因為一個事件而完全改變，那就是丹麥測量技師卡斯帕爾・韋塞爾（Caspar Wessel，1745～1818）、法國會計師讓・羅貝爾・阿爾岡（Jean-Robert Argand，1768～1822）以及德國大數學家弗里德利希・高斯分別提出了與實數組成的數線（又稱實數軸）直交的虛數數線（又稱虛數軸）。他們主張虛數是於虛數軸「存在」的數，虛數才總算成為「具體可見的數」，也才得到眾人認同。

高斯將實數與虛數的組合稱為複數，這就是實數與虛數這兩種不同的元素所組成的數，前所未有的數也就此誕生，緊接著高斯又以實數軸與虛數軸組成讓複數與座

【複數平面】

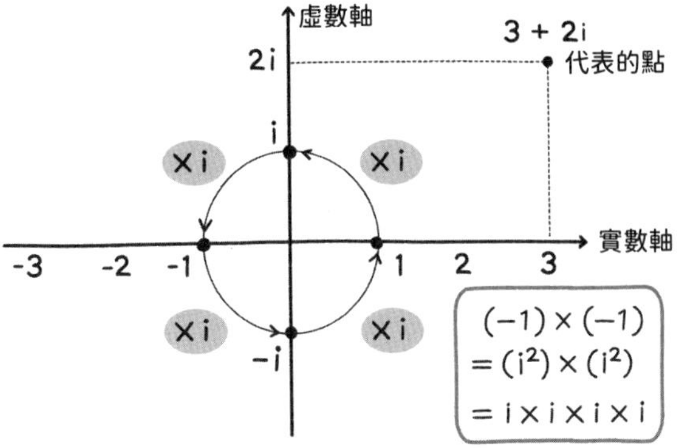

在複數平面之中，會以（a,b）這種點代表a+bi這種複數。
因此，1=1+0i，也就是（1,0）這個點，i=0+1i，
也就是「0,1」這個點，所以乘上i之後，
就代表該點繞著原點旋轉90度。

標平面的點一一對應的平面，並且將這種平面稱為複數平面。

在複數平面之中，在某個數乘上i，就能讓代表該數的點以原點為中心，反時針旋轉九十度。只要想起$i^2=-1$這點，就會發現乘上-1之後，等於i連乘兩次，也就是旋轉一百八十度的意思。因此，乘兩次-1就是旋轉三百六十度，也就是回到原點。簡單來說就是（-1）×（-1）=1（上圖）。

高斯設計的複數平面與歐拉公式組合後，可利用一個圓代表兩個波（三角函數的圖：正弦波與餘弦波，參考下頁的圖）。能像這樣簡潔地統整兩個現象，也是複數的功能之一。東京大學名言教授畑村洋太郎在著作《靠直覺就能理解的數學》（岩波

【兩個波限縮至1個圓之中】

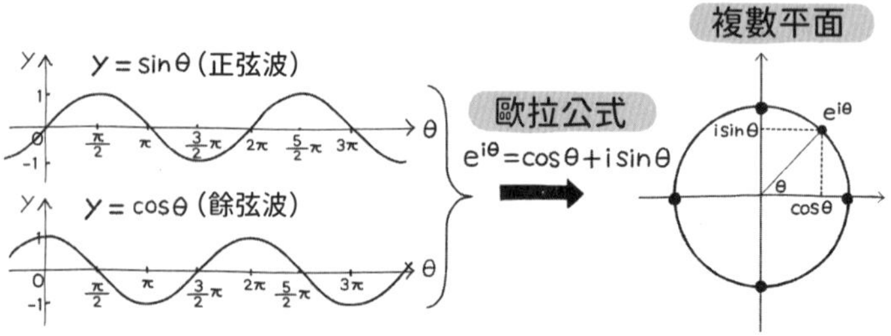

歐拉公式與複數平面可讓兩種波
（正弦波與餘弦波）限縮至一個圓之中

書店）提到「複數是一種壓縮軟體」，我真的覺得這實在是鞭辟入裡，又妙不可言的結論。

量子電腦與虛數

話說回來，就算虛數在複數平面是「肉眼可見的數」，但仍是不存在的數，所以大家或許會覺得，發明這種數，討論這種數，到底有什麼意義呢？

原子或電子這種一千萬分之一公釐以下的世界是遵循「量子力學」運行的，而在量子力學的世界裡，最基本的方程式（薛丁格方程式）就出現了虛數單位i（請參考254圖，看看就好）。

在量子力學處理的微觀世界裡，會發生許多違反常識的事情。比方說，物質同時具有波與粒子的特性，同一個物質能於多個地點存在。物質會在空無一物的真空出現或消失，甚至還能穿牆而過。換句話說，要想描述這個世界的物質，無論如何都會用到複數。

量子力學已成為現代科學與技術的基礎，如果沒有量子力學，智慧型手機或是電腦恐怕都不會誕生。比方說，最近蔚為話題的「量子電腦」從名字也可以知道，是根據量子力學的理論開發的。傳統的電腦是以「0」或「1」進行計算，而量子電腦卻能利用「0」也可能是「1」的狀態進行極高速的運算。我們甚至可以這麼說，如果沒有量子力學，也就是沒有虛數的話，人類根本無法一步步創造現代文明。

除了微觀的世界之外，虛數也在其他的領域應用。那位霍金博士曾利用「虛數的時間（虛時間）」，圓滿地說明愛因斯坦的相對論，以及宇宙的起源。

萊布尼茲的慧眼

儘管現代物理學少不了虛數，但或許有些人無論如何都無法接受以不存在的數描述現

【薛丁格方程式】

$$i\hbar\frac{\partial\psi}{\partial t}=-\frac{\hbar^2}{2m}\frac{\partial^2\psi}{\partial x^2}+V\psi$$

虛數單位

實世界這件事。如果您也這麼覺得，希望能稍微回想一下本書之前提及的克羅內克的那句話（20頁）。

1、2、3、……這類「自然數」或許是神創造的，但其他的數，例如0、負數、小數、分數、無理數都是人類為了描述當下未知世界所採用的新概念。一如等腰直角三角形的斜邊需要以無理數這種新的數才能描述，要想簡潔地描述微觀的世界，就需要複數這種新的數。

最後要介紹德國數學家哥特弗利德・萊布尼茲形容虛數的名言。

「神以極度崇高的模樣出現。是於存在與不存在之間顯現的奇蹟」

（節錄自藤原正彥、小川洋子《入世仍美的數學入門》〔世にも美しい数学入門〕）

比歐拉大六十歲的萊布尼茲很可能早在歐拉認真研究虛數，以及發表研究成果之前，就已經發現「平方之後為負數的數」有其存在的意義。如果這個說法屬實，那麼萊布尼茲真是一位令人又敬又畏的人物。

第6章

不可思議的計算

簡單卻深奧的數學謎題

希臘的畢達哥拉斯曾說：「萬物的根源就是數。」義大利科學家伽利略．伽利萊曾說：「宇宙是以數學這種語言描述的。」追求嚴謹性與合理性的數學的確適合用來闡明宇宙的真理。

就算不是科學家，要從充斥於日常生活之中的各種價值觀，合理導出屬於自己的結論，絕對需要數學的思考力。隨著網路與電腦的資訊科技不斷發展，以及AI（人工智慧）的崛起，「數字」的存在感正不斷地膨脹，「現代人需要具備統計識讀能力」這句話恐怕已經聽到耳朵都長繭了。

【魔法陣】

4	9	2
3	5	7
8	1	6

讓垂直、水平、傾斜的3個數字相加，都會得到「15」這個結果

不過，數學不只是為了服務這類「高尚的目的」而存在，也在許多遊戲扮演重要的角色。比方說，若是懂點機率學，就能在賭博的時候佔上風，許多謎題也是利用數學製作的。在各種「數學謎題」之中，最有名，歷史特別悠久的數學謎題就是魔法陣。

魔法陣是指於正方形填入數字之後，不管是哪一列、哪一欄，以及哪一條對角線的數字，在加總之後都會是同一個數字的圖形。不過，同一個數字不能出現兩次。3×3的魔法陣就是上圖這種九宮格。想必大家看得出來，將垂直、水平、傾斜方向的三個數字相加，都會得到「15」這個結果。這種3×3的魔法陣就稱為三次魔法陣，而n×n的魔法陣也統稱為「n次魔法陣」。

神聖的龜殼花紋？

如果將前後翻轉或旋轉都長得一樣的魔法陣視為同一種魔法陣的話，那麼使用1～9的三次（3×3）魔法陣只有一種，也就是前一頁介紹的魔法陣。由右至左，而上至下的順序為「294、753、618」這三組數字。

順帶一提，目前已知的是，1～16組成的四次（4×4）魔法陣，總共有八八〇種，1～25組成的五次（5×5）魔法陣約有兩億七千種，1～36組成的六次（6×6）魔法陣則約有一七七〇京種。

魔法陣的起源地為中國。在中國的傳說之中，夏朝始祖禹在西元前兩千年左右的時候，於「洛水」這條黃河支流撿到了一隻烏龜，相傳這隻烏龜的龜甲上的點數，與三次魔法陣的數字完全吻合（參考前一頁的圖）。這隻龜在當時被尊為神明賜予的聖龜。據說大禹為了政治與經濟制定的「洪範九疇」，靈感來自「聖龜」龜殼分成九格的花紋。此外，

「九星術」這種占卜之術也是源自這個龜殼的花紋。今時今日，我們將魔法陣視為一種有趣的數學謎題，但是在過去，卻是充滿神祕的學問。

雖然目前還不知道起源於中國的魔法陣是如何傳至西方的，但十六世紀的畫家阿爾布雷希特・杜勒（Albrecht Dürer）就曾在作品〈憂鬱〉畫了寓意占星術的四次魔法陣。魔法陣的種類非常多，包含只以平方數（某個整數平方之後的數）組成的平方數魔法陣，或是只以質數組成的質數魔法陣（這些魔法陣的數字當然與一般的魔法陣不同，數字都不是連續的）。

也有以n×n平面疊成n層，且前後、左右、上下、傾斜的n個數字相加，總和都相同的立體魔法陣，而這種立體魔法陣稱為立體方陣（或是魔立體）。263頁的是3×3×3的立體方陣，將前後、左右、上下的三個數字相加，都能得到「42」這個結果，有興趣的讀者可以自行確認看看。

此外，就算是「對角線」的部分，加總立方體的立體對角線的三個數字（貫穿立方體內部的對角線的三個數：例如12、14、16），也可以得到「42」這個結果。要注意的是，加總立方體的平面對角線的三個數字（各面的對角線的三個數字：例如8、27、16），就不一定能得到「42」這個結果。立體方陣通常只考慮「立體對角線」的部分，不會考慮平面對角線的部分。順帶一提，目前已知的是，當立體方陣的規模大於等於5×5×5，才會出現立體對角線與平面對角線上的數字的總和一致的情況。

日本人設計的立體方陣

法國數學家皮耶・德・費馬與瑞士數學家李昂哈德・歐拉也都曾經研究魔法陣。尤其費馬曾經試著設計4×4×4的立體方陣，可惜未能完成，然而全世界首位成功設計4×4×4立體方陣的人是日本人久留島喜內（1690左右～1758）。

久留島與關孝和（1642～1708）、建部賢弘（1664～1739）被譽為日本三大日本傳統數學家，在數論或是線形代數的領域，都有超越歐拉或是法國數學家皮耶西門拉普拉斯的研究，可惜他實在太愛喝酒，長時間流連於酒肆之間，也無心追名求利，所以生前幾乎沒留下著作，直到他死後，他的豐功偉業才由他的弟子向世人揭露。

【和為 42 的魔法陣】

12	26	4
22	3	17
8	13	21

23	1	18
9	14	19
10	27	5

7	15	20
11	25	6
24	2	16

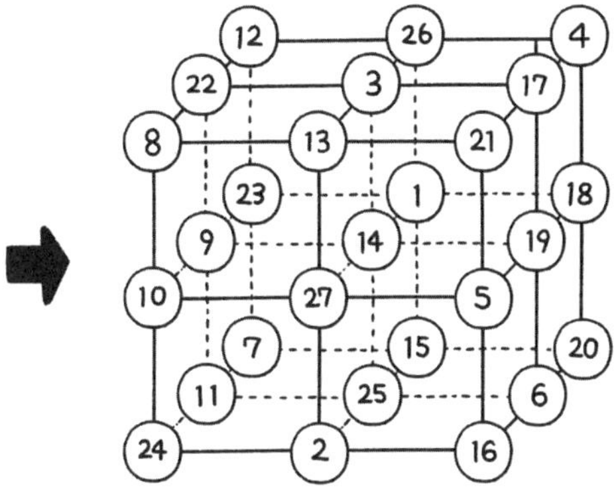

立體方陣

前後、左右、傾斜的3個數字相加都會得到「42」這個結果。

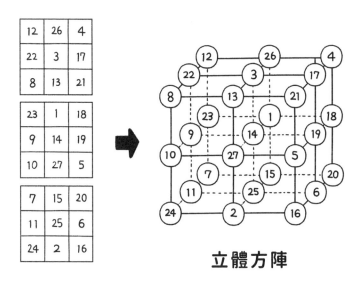

魔法陣「給讀者的戰帖」

好啦，賣弄知識的部分就到處為止，接下來想請各位讀者完成下一頁的4×4魔法陣。希望大家把這個遊戲當成「腦筋體操」來玩就好。不過，如果亂填數字，可能很難完成，所以先告訴大家一些玩魔法陣的基本知識。

【基本知識1】4×4的魔法陣在直、橫、斜的四個數的總和都是34（理由會在後面說明）。

【基本知識2】注意能使用的數只有1〜16，接著找出數的總和可能極大或極小的線，再從中找出「候補數字」。

從下一頁開始會示範玩這個遊戲的其中一種邏輯。此外，若想知道直、橫、斜的數的總和為什麼是「34」，如下仔細想想就能知道理由。

四次魔法陣就是在4×4的格子裡填入1〜16的數，而1〜16的總和為136，代表在

【給讀者的戰帖】

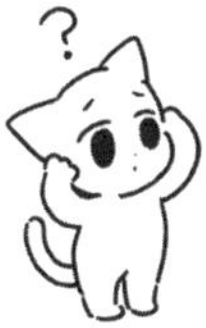

4		15	
			8
	7		
	2	3	

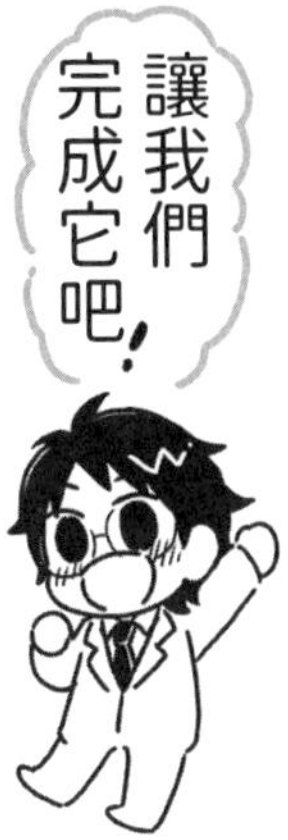

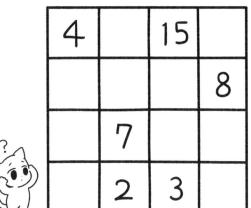

【魔法陣的總和如下】

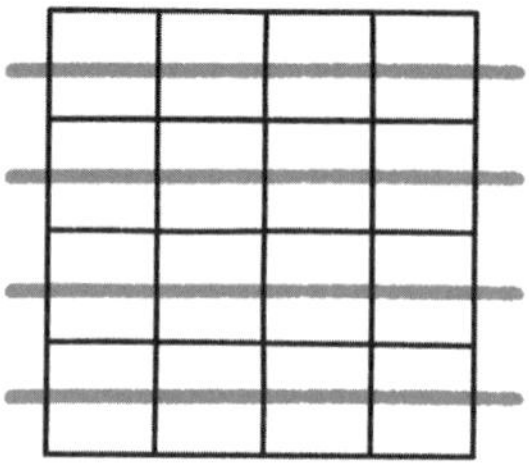

4條線的總和爲

1+2+……+16=136，

↓

1條線的總和爲

136÷4＝34

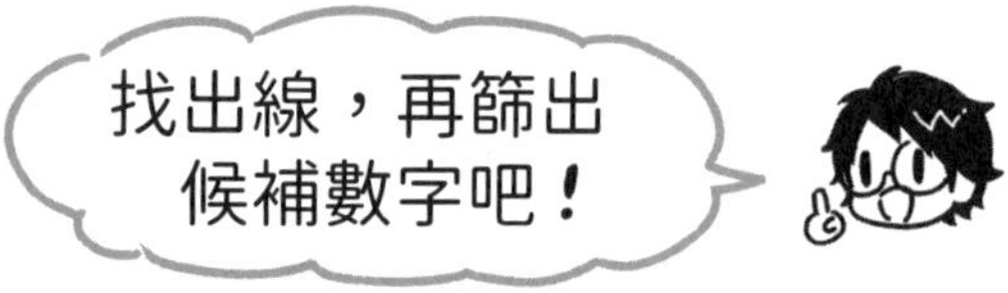

四條線上的數的總和為136，所以每條線的數的總和可由136除以4算出。同理可證，n次魔法陣的直、橫、斜方向的數的總和都可透過「$n(n^2+1)/2$」這個公式算出（會稍微用到數列總和的知識）。

【思考範例之一】

4	a	15	b
c	d	e	8
f	7	g	h
i	2	3	j

① (line through the bottom row: i, 2, 3, j)

[剩下的數字]

1				5	6		
9	10	11	12	13	14		16

i + j = 29

⇒ (i, j) = (16,13) or (13,16)

1 以a～j這幾個英文字母替空白的格子命名。
將注意力放在上方的①的線之後，會發現i+j爲29，
因爲4個數的總和爲34。觀察剩下的數字之後，會知道（i,j）
不是（16,13）就是（13,16）。
讓我們先思考（i,j）爲（16,13）的情況。

② (line through the second column: a, d, 7, 2)

4	a	15	b
c	d	e	8
f	7	g	h
16	2	3	13

[剩下的數字]

1				5	6		
9	10	11	12		14		

a + d = 25

⇒ (a,d) = (14,11) or (11,14)

2 接著思考上方的②的線，就會發現（a,d）
不是（14,11）就是（11,14），但是當（a,d）=（11,14）時，
b就會是4，所以不適當（4只能使用1次）。
因此（a,d）=（14,11）。

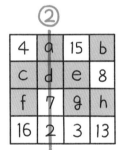

4	14	15	b
c	11	e	8
f	7	g	h
16	2	3	13

[剩下的數字]

1				5	6		
9	10		12				

b = 1 ⇒ h = 12 ⇒ g = 6
⇒ f = 9 ⇒ c = 5 ⇒ e = 10

③走到這一步之後，
就能利用以直、橫、斜的線
的總和都爲「34」這項規則
陸續找出其他格子的數字。
右圖就是完成圖。

[正確解答]

4	14	15	1
5	11	10	8
9	7	6	12
16	2	3	13

完成了！

此外，如果（i,j）=（13,16），
就會得到右圖的結果。
從中可以發現有些數字重覆了，
所以這種組合不適合。

4	14	~~15~~	1
2	11	~~13~~	8
~~15~~	7	~~3~~	9
~~13~~	2	~~3~~	16

聽過萬能天秤嗎？

找出偽造的硬幣！

這節想先請大家閱讀下一頁的題目。這麼做對於想先想想的讀者有點不好意思，不過還是讓我先揭露答案吧。答案是兩次。「蛤？只需要兩次？」或許大家不太相信這個答案，不過具體的方法如下。

「第一次」

先隨便選擇各三枚硬幣，然後放在天秤的兩邊，如果兩邊一樣重，代表剩下的兩枚硬幣其中一枚是偽幣，如果有一邊比較重，代表偽幣藏在比較重的那一邊的三枚硬幣之中。

【題目】

眼前有8枚硬幣，其中有1枚是僞幣。

僞幣比眞正的硬幣稍微重一點。

這裡有一個用來分辨僞幣的天秤。

請問，若要找出僞幣，最少只需要使用幾次天秤呢？

「第二次」

如果第一次秤的時候，天秤維持平衡，只需要將剩下的兩枚硬幣分別放在天秤的兩邊，較重的一方就是偽幣。如果第一次秤的時候，天秤往某一邊傾倒，就讓那邊的三枚硬幣一枚一枚放在天秤的左右兩邊，此時若是維持平衡，代表剩下的那一枚硬幣是偽幣，如果倒向一邊，代表那邊的硬幣是偽幣。如果硬幣增加至二十枚的話，需要幾次呢？答案是只需要三次就能找出偽幣。

「第一次」

先隨便在天秤的左右兩側各放上九枚硬幣。如果天秤維持平衡，代表偽幣藏在剩下的兩枚硬幣之中，如果有一邊比較重，代表偽幣藏在那邊的九枚硬幣之中。

「第二次」

假設第一次秤的時候，天秤維持平衡，就讓剩下來的兩枚硬幣分別放在天秤的兩側，較重的一方為偽幣。如果第一次秤的時候，天秤倒向一邊，就讓較重那邊的硬幣以每組三枚的方式，放在天秤的左右兩側，此時天秤若保持平衡，代表偽幣藏在剩下的三枚硬幣之中，如果天秤倒向一方，代表偽幣藏在較重的那邊。

「第三次」

假設第一次秤的時候，天秤倒向某一邊，而且也透過第二次秤量時，知道偽幣藏在哪一邊之後，就讓包含「偽幣的三枚硬幣」以各一枚的方式，放在天秤的左右兩側。假設天秤保持平衡，代表剩下來的那枚硬幣是偽幣，如果天秤倒向其中一邊，代表那邊的硬幣是偽幣。

在同樣的思考邏輯之下，直到二十七枚硬幣為止，都只需要使用三次天秤就能找到偽幣。說得更精準一點，當硬幣為3^n枚，只需要使用n次天秤就能找出偽幣。希望大家有機會思考其他數量的情況，這應該是不錯的頭腦體操才對。

需要數學素養才能解決的題目

還有一個與天秤有關的題目想問問大家。題目如下。

題目：假設想要秤量1公克～40公克的重量，而且希望精準度為1公克，至少需要幾個砝碼才能精準秤量呢？

如果是熟悉這類問題的人，應該會回答需要「1公克、2公克、4公克、8公克、16公克、32公克這六種砝碼」。使用這六種砝碼的確能如下頁的圖表所示，以精準度為1公克的方式，秤出1公克～40公克的所有重量（表格的「1」代表使用，「0」代表未使用）。

重點在於，所有砝碼的重量都是2^n公克（在數學裡，$1=2^0$）。如果看到這張表格，會聯想到二進位制的表格（251頁），代表對數學很敏感。若是我們熟悉的十進位制，每個位數的數字會是0～9的其中一個數字，但是二進位制的每個位數不是0就是1，所以能讓0代表「未使用」，1代表「只使用1個」。

比方說，二進位制的13就是「1101」，這代表13公克的東西只需要8公克、4公克、1公克的砝碼就能精準秤量，所有十進位制的數字都能轉換成二進位制，所以只需要準

【以 2^ng 的砝碼秤量的方式（2^n 為 2 的 n 次方）】

砝碼＼重量	1g	2g	3g	4g	5g	6g	7g	8g	9g	10g
1g (2^0g)	1	0	1	0	1	0	1	0	1	0
2g (2^1g)	0	1	1	0	0	1	1	0	0	1
4g (2^2g)	0	0	0	1	1	1	1	0	0	0
8g (2^3g)	0	0	0	0	0	0	0	1	1	1
16g (2^4g)	0	0	0	0	0	0	0	0	0	0
32g (2^5g)	0	0	0	0	0	0	0	0	0	0

砝碼＼重量	11g	12g	13g	14g	15g	16g	17g	18g	19g	20g
1g (2^0g)	1	0	1	0	1	0	1	0	1	0
2g (2^1g)	1	0	0	1	1	0	0	1	1	0
4g (2^2g)	0	1	1	1	1	0	0	0	0	1
8g (2^3g)	1	1	1	1	1	0	0	0	0	0
16g (2^4g)	0	0	0	0	0	1	1	1	1	1
32g (2^5g)	0	0	0	0	0	0	0	0	0	0

砝碼＼重量	21g	22g	23g	24g	25g	26g	27g	28g	29g	30g
1g (2^0g)	1	0	1	0	1	0	1	0	1	0
2g (2^1g)	0	1	1	0	0	1	1	0	0	1
4g (2^2g)	1	1	1	0	0	0	0	1	1	1
8g (2^3g)	0	0	0	1	1	1	1	1	1	1
16g (2^4g)	1	1	1	1	1	1	1	1	1	1
32g (2^5g)	0	0	0	0	0	0	0	0	0	0

砝碼＼重量	31g	32g	33g	34g	35g	36g	37g	38g	39g	40g
1g (2^0g)	1	0	1	0	1	0	1	0	1	0
2g (2^1g)	1	0	0	1	1	0	0	1	1	0
4g (2^2g)	1	0	0	0	0	1	1	1	1	0
8g (2^3g)	1	0	0	0	0	0	0	0	0	1
16g (2^4g)	1	0	0	0	0	0	0	0	0	0
32g (2^5g)	0	1	1	1	1	1	1	1	1	1

備不同的2^n公克的砝碼即可。假設準備的是4^n公克的砝碼呢？只需要以每個位數只能使用0～3的四進位制思考即可。

四進位制的13為「31」（參考276頁），意思是要秤量13公克的東西，需要三個4公克的砝碼以及一個1公克的砝碼。

要在精準度為1公克的情況下，以4^n公克的砝碼秤量各種重量，每種重量的砝碼需要各準備三個。

像這樣需要準備2^n公克之外的砝碼時，每種重量的砝碼就需要準備一個以上（在精準度為1公克的情況準備a^n公克的砝碼時，同一種砝碼必須準備$a-1$個，也就是對a進位制各位數的最大數同樣的數量），需要的砝碼個數就會變多。

納皮爾與巴切特的想法

順帶一提，最先想到要讓砝碼的數量降至最低，就得準備各種2^n公克的砝碼各一個的

【以二進位制與四進位制思考】

二進位制的情況

$$13 = \underset{\text{使用1個}}{1} \times \overset{8}{2^3} + \underset{\text{使用1個}}{1} \times \overset{4}{2^2} + \underset{\text{不使用}}{0} \times \overset{2}{2^1} + \underset{\text{使用1個}}{1} \times \overset{1}{2^0} = 1101_{(2)}$$

二進位制

四進位制的情況

$$13 = \underset{\text{使用3個}}{3} \times \overset{4}{4^1} + \underset{\text{使用1個}}{1} \times \overset{1}{4^0} = 31_{(4)}$$

四進位制

在數學的世界裡，$a^0=1$

（ ）的數字代表是幾進位制

是約翰・納皮爾（223頁），不過之前的例子都是以要秤量重量的東西與砝碼不的放在同一個吊盤為前提。

比納皮爾小三十一歲的法國數學家克勞德・巴切特（Claude Gaspard Bachet de Méziriac，1581～1638）曾主張「要以最少的砝碼秤重，只需要每種3^n公克的砝碼各準備一個」。其實只要準備「$3^0=1$公克、$3^1=3$公克、$3^2=9$公克、$3^3=27$公克這四個砝碼」，就能在精準度為1公克的情況下，精準秤出1公克～40公克的物品。讓我們一起了解箇中的細節吧。或許有讀者覺得「在1公克的砝碼之後，下一個砝碼是3公克，那要怎麼秤出2公克重的東西呢？」不過，就算是2公克重的東西，只需要1公克的砝碼放在同一邊，再於另一邊放上3公克的砝碼，就能秤出正確的重量。重點在於允許秤重的物品與砝碼放在同一邊。

下一頁的表格整理了以1公克、3公克、9公克、27公克這四種砝碼，在精準度為1公克的情況下，秤出1公克～40公克的方法。此外，要秤重的物品一律放在天秤左側的吊盤。表格之中的「1」代表砝碼放在右側的吊盤，「0」為不使用，「-1」代表放在左側的吊盤。要在精準度為1公克的情況下，秤出1公克～40公克的所有重量，居然只需要四個砝碼，這應該會讓不少人感到驚訝才對，但為了避免誤會，在此要說明砝碼的數量不可能少於三個的理由。

假設眼前有A公克、B公克、C公克的砝碼各一個，總計有三個砝碼。這些砝碼的使用方式共有三種，分別是「放在右側吊盤」、「不使用」、「放在左側吊盤」，所以這三種砝碼的配置方法最多為3×3×3＝27種。

在這些配置方法之中，還包含了不使用任何一種砝碼的情況（要秤重的東西為0公克），所以還得扣掉這種情況，因此配置方法只剩下二十六種。在二十六種配置方式之中，有光是放上砝碼，右側吊盤就變得比較重，以及左側吊盤變得比較重的情況，而這兩

【使用 3^ng 的砝碼秤重的方法】

砝碼＼重量	1g	2g	3g	4g	5g	6g	7g	8g	9g	10g
1g（3^0g）	1	−1	0	1	−1	0	1	−1	0	1
3g（3^1g）	0	1	1	1	−1	−1	−1	0	0	0
9g（3^2g）	0	0	0	0	1	1	1	1	1	1
27g（3^3g）	0	0	0	0	0	0	0	0	0	0

砝碼＼重量	11g	12g	13g	14g	15g	16g	17g	18g	19g	20g
1g（3^0g）	−1	0	1	−1	0	1	−1	0	1	−1
3g（3^1g）	1	1	1	−1	−1	−1	0	0	0	1
9g（3^2g）	1	1	1	−1	−1	−1	−1	−1	−1	−1
27g（3^3g）	0	0	0	1	1	1	1	1	1	1

砝碼＼重量	21g	22g	23g	24g	25g	26g	27g	28g	29g	30g
1g（3^0g）	0	1	−1	0	1	−1	0	1	−1	0
3g（3^1g）	1	1	−1	−1	−1	0	0	0	1	1
9g（3^2g）	−1	−1	0	0	0	0	0	0	0	0
27g（3^3g）	1	1	1	1	1	1	1	1	1	1

砝碼＼重量	31g	32g	33g	34g	35g	36g	37g	38g	39g	40g
1g（3^0g）	1	−1	0	1	−1	0	1	−1	0	1
3g（3^1g）	1	−1	−1	−1	0	0	0	1	1	1
9g（3^2g）	0	1	1	1	1	1	1	1	1	1
27g（3^3g）	1	1	1	1	1	1	1	1	1	1

【若使用減法思考，只需要準備 3^ng 的砝碼】

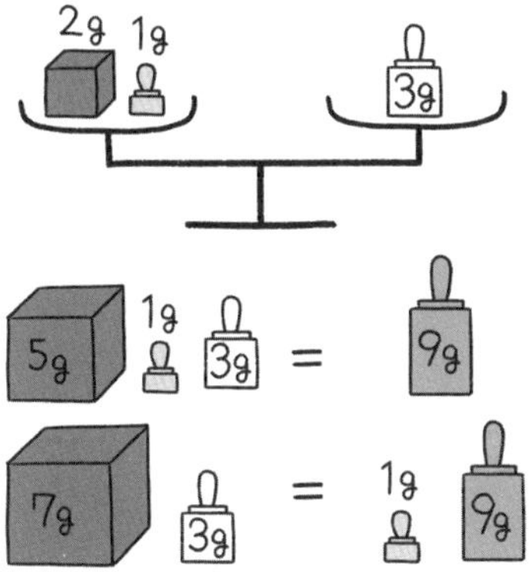

就算只有 1 公克、3 公克、9 公克的砝碼，
只要使用「2=3-1」「5=9-(1+3)「7=9+1=3」這類減法，
就能秤量 2 公克、5 公克、7 公克這類重量。

種情況算是同一種（參考下一頁），若以後者的情況來看，不在左側的吊盤放上負質量的東西，就無法保持平衡（註：要秤重的東西一定放在左側的吊盤），但這是不可能發生的事情，所以實際能秤量的重量種類最多只有26÷2＝十三種。之所以會說是「最多」，是因為這二十六種配置方式之中，還包含左右重量相同的情況，或是配置方式不同，但能秤重的重量相同的情況，那麼可秤重的種類一定更少。

另一方面，1公克～40公克的重量共有四十種，所以不難發現，光靠三個砝碼是無法在精準度為1公克的情況下，秤出所有種類的重量。承上所述，273頁的題目的答案為四個。或許大家已經發現，

【在26種秤重方式之中，包含了不可能出現的方式】

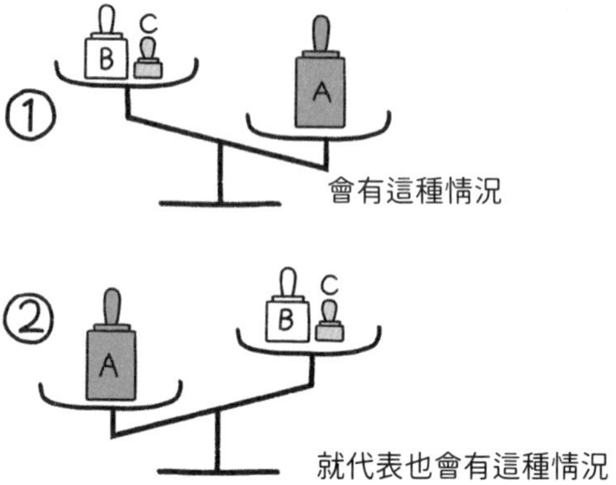

由於要秤重的東西會放在左側吊盤，
所以不可能出現②的情況。

題目的「40公克」其實等於1＋3＋9＋27，而且若是除了準備1公克、3公克、9公克、27公克的砝碼，再多準備一個3^4＝81公克的砝碼，就能在以精準度為1公克的情況下，秤出121公克以下的每種重量。由於只要準備各種3^n公克的砝碼，就能秤出這麼多種重量，所以3^n公克的砝碼與天秤的組合又被稱為「萬能天秤」。

81元硬幣的建議

「萬能天秤」的原理也能提升貨幣製造計畫的效率。將東西的重量置換成「商品的價格」，將右側吊盤的砝碼重量視為「要支付的金額」，將左側吊盤的砝碼重量視為「店家的找零」，那麼各種3^n元的硬幣或紙鈔只需要準備一個，就能應付各種價格（商品的價格當然得小於硬幣與紙鈔的總和才行）。

以購買880元的東西為例，客人將$3^6=729$元、$3^5=243$元、$3^0=1$元的硬幣或紙鈔（總計973元）交給店家，店家再以$3^4=81$元、$3^2=9$元、$3^1=3$元的硬幣或紙鈔（總計93元）找零即可。

最近電子支付越來越流行，使用現金的機會也越來越少，錢包也以嬌小可愛的款式為主流，我也把用了很久的錢包長夾換成信用卡大小的小錢包，再也不用帶著笨重的錢包出門。不過，如果遇到只能付現的店家，就會收到一大堆找零的零錢，錢包也一下子就變得鼓鼓的。因此，正是這樣的時代，才更想提出3^n元的硬幣與紙鈔的構想。儘管在付錢時，得稍微（還是得絞盡腦汁？）計算一下該使用哪些硬幣或是紙鈔，但我覺得瑕不掩瑜，這麼做既能避免零錢塞爆錢包，又能大幅減少製造貨幣的成本，更重要的是，國民的數學能力似乎會因此而有所提升，這豈不是一舉數得嗎？

默背九九乘法的國家很少

日本的小學生是在二年級的時候學習九九乘法。默背九九乘法可說是算數的第一道難關吧。想必大家都曾背過「11得1，12得2，13得3……」這種口訣吧，不過從全世界來看，要求從1×1背到9×9的國家不太多。

比方說，英語圈的許多國家都讓學生看著下一頁最多到12×12的乘法表（times table）學習乘法。這裡的times為「乘法」的意思。美國與澳洲則認為學生多用幾次乘法表，自然而然就會學會乘法。

順帶一提，這種乘法表只到12×12的理由在於許多與日常生活有關的單位都是十二進

【乘法表】

×	1	2	3	4	5	6	7	8	9	10	11	12
1	1	2	3	4	5	6	7	8	9	10	11	12
2	2	4	6	8	10	12	14	16	18	20	22	24
3	3	6	9	12	15	18	21	24	27	30	33	36
4	4	8	12	16	20	24	28	32	36	40	44	48
5	5	10	15	20	25	30	35	40	45	50	55	60
6	6	12	18	24	30	36	42	48	54	60	66	72
7	7	14	21	28	35	42	49	56	63	70	77	84
8	8	16	24	32	40	48	56	64	72	80	88	96
9	9	18	27	36	45	54	63	72	81	90	99	108
10	10	20	30	40	50	60	70	80	90	100	110	120
11	11	22	33	44	55	66	77	88	99	110	121	132
12	12	24	36	48	60	72	84	96	108	120	132	144

位制，比方說一英尺＝十二英吋，一打＝十二個（這個單位已經廢止，但是英國的貨幣單位一先令為十二便士），都是其中一例。

禁用計算機的日本

許多國家之所以不強迫學生背誦「九九乘法」，也與進入國中之後，就能自由使用計算機有關。

瀏覽總部設於阿姆斯特丹的國際教育成績評估協會（IEA）所進行的國際數學與科學教育成就趨勢調查「TIMSS 2015」，便可找到以各國老師為對象，詢問「是否讓學生在算數課與數學課使用計算機」的問卷調查結果。在小學四年級左右，日本與大部分的國家都不會讓學生使用計算機，但是到了國中二年級之後，讓學生自由使用計算機的國家就大幅增加。

或許是因為這些國家認為，十歲之後應該是培養邏輯思考能力的時期，所以希望將更多的時間或是精力分給思考「有的沒的」的事情，而不是浪費在計算這種單純的事情上。在上述的問卷調查結果之中，開放讓國中二年級的學生使用計算機的日本老師只有6%。明明全世界都在使用日本生產的計算機，日本的學校卻幾乎都不開放使用，這實在是很諷刺。

如果讓學生默背「九九乘法」，禁止使用計算機的國家在數學方面的學力比較高，那麼貫徹日式教育或許有其意義，可惜的是，事實並非如此。在前面提及的調查之中，新加坡與香港是最開放學生使用計算機的國家，而經濟合作暨發展組織（OECD）發表的國際學生能力評量計畫（PISA）指出，這兩個國家在全世界「數學素養」的排名總是在前幾名。

此外，也有學術研究探討在課堂使用計算機的利弊。有許多這類研究指出懂得使用計算機、試算表軟體或是其他計算工具的孩童，抽象理解能力高於平均值。在沒有默背九九乘法習慣的歐美人士眼中，一定覺得邊念著「7856」，邊以筆算的方式，計算三位數×二位數的日本人很不可思議，甚至會覺得「這些日本人到底在念什麼咒語？」。

「九九」的口訣

話說回來，「九九乘法」源自中國。雖然不知道發明九九乘法的人是誰，但是根據記錄顯示，在西元前七世紀的時候，齊國君主桓公（西元前？年～西元前643）就曾經下令於全國各地招攬能夠默背九九乘法的人材。順帶一提，當時的九九乘法似乎與現在的順序相反，是從「九九八十一」開始的，所以才稱為「九九乘法」。九九乘法最遲應該是在奈良時代傳入日本，也曾經在奈良時代的遺跡找到疑似練習九九乘法的木簡。於奈良時代末期編成的萬葉集也有將「二二」（2×2的意思）讀成「shi」（4的意思），將「十六」讀成「shishi」（4×4的意思），將「二五」（2×5）讀成「十」的九九乘法歌。

到了現代，日文都還有四六時中（4×6＝24，24小時等於一天）、十八番（2×9＝18，所以2×9的傢伙↓可恨的傢伙（憎いやつ，與二、九諧音）↓當紅炸子雞的技藝）、二八蕎麥麵（2×8＝16。早期的蕎麥麵一碗要價16文），日文處處能看到九九乘法扎根的痕跡。中國、日本、亞洲國家或是印度都有默背九九乘法的傳統歷史（聽說印度會讓學生背到19×19），但是其他國家在沒有計算機的時代，又是如何進行乘法的呢？應該不可能隨身帶著「乘法表」吧？

善用折手指乘法

就算沒有默背九九乘法以及隨身攜帶「乘法表」，也有辦法完成簡單的乘法。方法就是在十五世紀出現的折手指乘法。

不過，這種「折手指乘法」是從「布」的狀態開始，然後讓手指從拇指開始往小指頭折。下一頁的圖為左手的例子，右手則與這張圖的情況左右對稱。

接著以「8×6」的例子說明計算的步驟。

「步驟1」一邊的手比「8」，另一邊的手比「6」

【折手指乘法的計算方法】

「步驟2」加總兩手折起來的手指根數（2與4，2＋4＝6）

「步驟3」以10減去「步驟2」的值（10－6＝4）

「步驟4」將「步驟3」的值乘以十倍（4×10＝40）。

「步驟5」讓雙手折起來的手指相乘（2×4＝8）

「步驟6」讓「步驟4」與「步驟5」的值相加（40＋8＝48）。

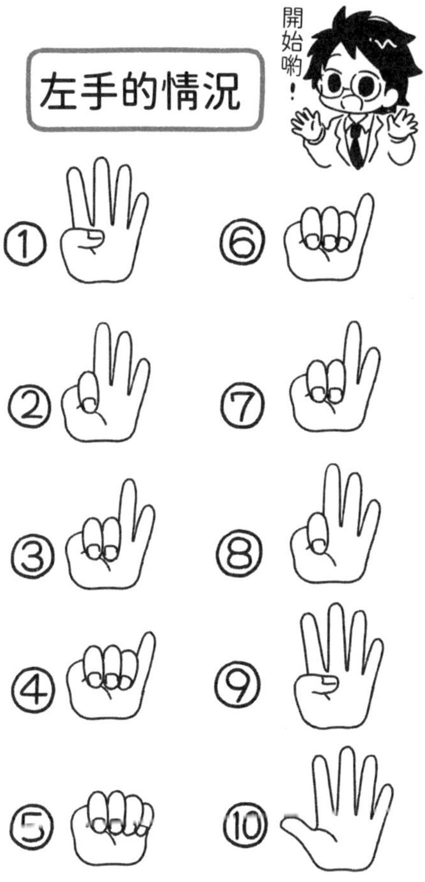

最後得出的答案為「48」，與「8×6」相等（參考下一頁）。

將這些步驟寫成文字的時候，大家或許會覺得這種計算方式很麻煩，但其實只要折幾次手指，就能很快算出答案。順帶一提，這種方法只能在大於等於6的數字相乘時使用。對於早期沒學過九九乘法的人來說，「2×4」這種小數相乘的乘法會直接理解成「2+2+2+2=8」這種2連加四次的加法，但是將「8×6」看成8連加六次的話，很有可能會陷入混亂，所以才想出這種折手指乘法。順帶一提，如果計算的是九九乘法的「9」的乘法，可以更快算出答案。在此以「9×3」為例，說明步驟。

「步驟1」讓雙手的掌心朝向自己，十指張開。
「步驟2」因為是「9×3」，所以讓左側數來的第三隻手指（左手的中指）折起來。
「步驟3」折起來的手指的左側手指根數（2）為十位數，右側的手指根數（7）為個位數，因此「9×3」的答案為「27」。

減少「數學過敏症狀」

從每天指導國高中生或是社會人士數學的人的角度來看，讓人以筆算的方式進行三位數×三位數的乘法，或是四位數除以二位數的除法，實在沒有什麼意義。若是會用到這類計算的題目，許多老師也都會跟學生說「可以使用計算機」，或者會說「想到這裡就可以，先做別的部分」，我覺得這是因為老師希望學生能把筆算的時間用來多解一道題目。

【折手指乘法的步驟】

〈步驟1〉

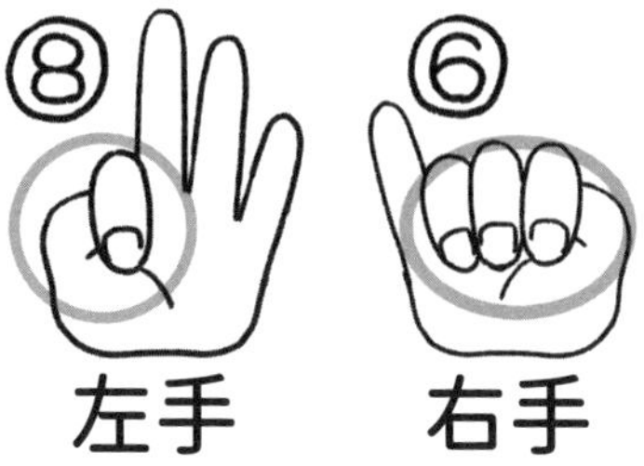

〈步驟2〉讓雙手折起來的手指相加

$$2+4=6$$

〈步驟3〉以10減去上一步的計算結果

$$10-6=4$$

〈步驟4〉乘以10倍

$$4\times 10=40$$

〈步驟5〉讓雙手折起來的手指相乘

$$2\times 4=8$$

〈步驟6〉讓步驟4與步驟5的值相加

$$40+8=48$$

【折手指乘法與9有關的乘法】

〈步驟1〉

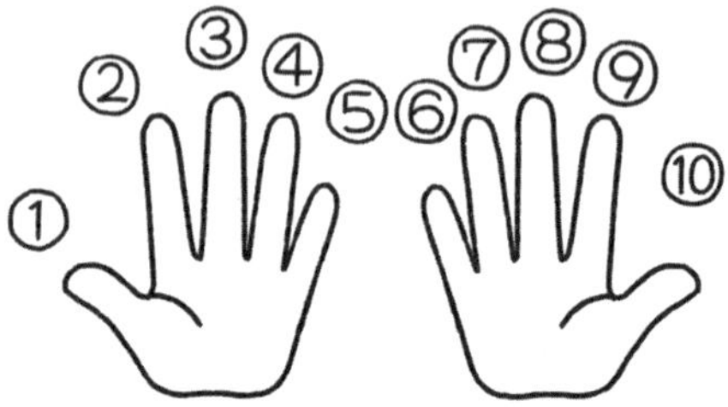

〈步驟2〉如果是「9×3」，就讓「③」的手指折起來

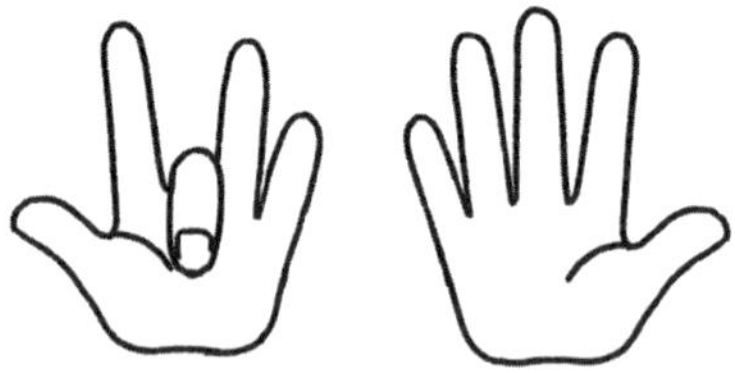

〈步驟3〉折起來的手指的左側爲十位數，右側爲個位數

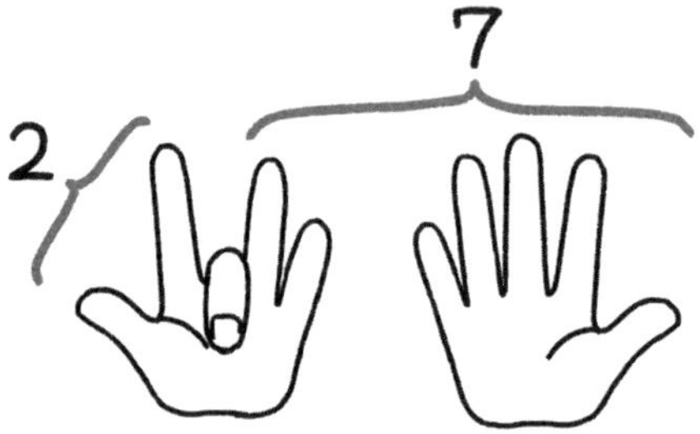

有些應用題目需要思考才能解開，而擅長這類題目的學生的確擁有超乎常人的計算能力。我到現在還沒遇過計算能力很差，但能深入了解數學的孩子，我覺得至少該在小學的階段，讓學生覺得複雜的計算「很麻煩」。

只有當學生如此覺得，才會開始思考有沒有更簡單的計算方式，或是尋找讓計算變得很輕鬆的數，也才能了解每個數的個性，以及更能靈活地運用每個數。

不管是默背九九乘法還是使用乘法表，都是好方法。

總之，至少要讓學生在小學的時候擁有應用各種數字的經驗，累積各種親近數學的經驗，否則到了國中之後，那些以「文字描述的數學」就會變得很疏遠與陌生，學生也會覺得那些數學跟自己沒什麼關係。

我不敢說，計算能力很強就一定擅長解開需要抽象思考的難題，而這也是數學教育的困難點，但如果能透過計算讓學生喜歡數字，就比較容易透過文字敘述想像抽象化的數學，應該也就能減輕學生的「數學過敏症狀」吧。

將乘法視為面積

你能夠快速心算算出16×13嗎？據說印度的學校都會讓小學生默背到19×19的乘法，但日本或台灣通常都只讓學生默背到9×9的乘法，所以應該很少人能夠以心算快速算出16×13的答案。不過只要使用圖形，就算是19×19也能以心算快速算出。

第一步請大家將「16×13」視為長方形的面積。接著如下一頁的圖，將這個長方形分成10×10的正方形以及三個長方形，然後讓左下角的長方形往右上角移動。

如此一來，可以從這張圖得知，整體的面積變成19×10=190的長方形，以及6×3=18的長方形的總和。由於只移動了灰色的長方形，所以移動前與移動後的整體面積沒有任

【以圖思考乘法】

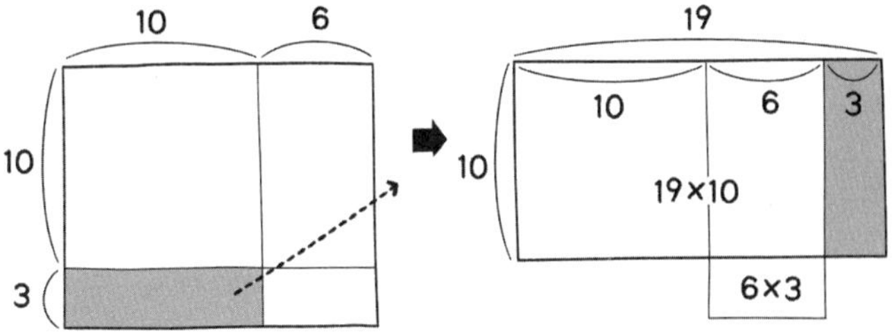

$$(10+a)\times(10+b)=(10+a+b)\times10+ab$$

「其他的例子」$12\times14=(12+4)\times10+2\times4=168$

何改變。因此16×13=190+18=208。

雖然這個計算是根據上圖調整了公式，但如果以圖思考的話，是不是更容易想像計算過程了呢？

簡單來說，小於等於19×19的二位數相乘的乘法，都可利用下列的步驟快速算出。只要稍微練習一下就會熟能生巧，還請大家試試看。

「步驟1」

將某邊的個位數加到另一個數

「步驟2」

讓步驟1的結果乘以10

「步驟3」

讓個位數相加

【利用『面積』克服難纏的公式】

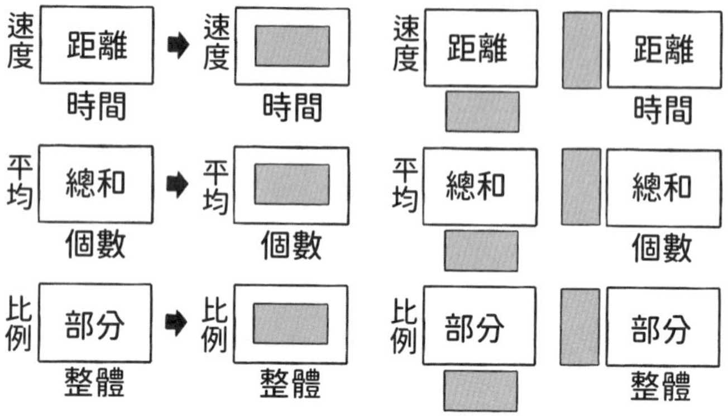

善用長×寬=面積，面積÷長=寬，面積÷寬=長這種整理公式的方法

這種將乘法視為面積的計算方式能於各種場合應用。比方說，「距離÷時間＝速度」、「總和÷個數＝平均」、「部分÷整體＝比例」這類困擾許多人的公式，都可先整理成「距離＝速度×時間」、「總和＝個數×平均」、「部分＝整體×比例」的公式，再利用面積圖解法算出答案。

若能如上圖所示，將要計算的結果當成「灰底」的部分，就能直覺地想像其他兩個該如何計算。我雖然希望大家不要只是死背公式，還要知道公式是怎麼來的，但這個方法應該能夠幫助那些不太擅長整理公式的人。

鶴龜題目的攻略法

「鶴與龜總共有十隻。腳的數量總和為二十六隻。請問鶴與龜共有幾隻?」這類「鶴龜題目」(台灣為「雞兔同籠」)也能將面積進行乘法的圖解法計算。鶴的腳有兩隻,龜的腳有四隻,所以題目可改寫成下列的內容。

2×鶴+4×龜=26

這裡的「2×鶴」與「4×龜」可視為長方形的面積,也就能畫出下一頁的兩個凹凸長方形,而且加總後的面積為26。

此外,這兩個長方形的寬為「鶴+龜」所以從題目可以得知,「鶴+龜」等於10。

讓我們稍微調整一下圖形吧。將凹凸的部分補滿,讓整體成為完整的長方形,如此一來就能得到長4,寬10的長方形。

【圖解鶴龜題目】

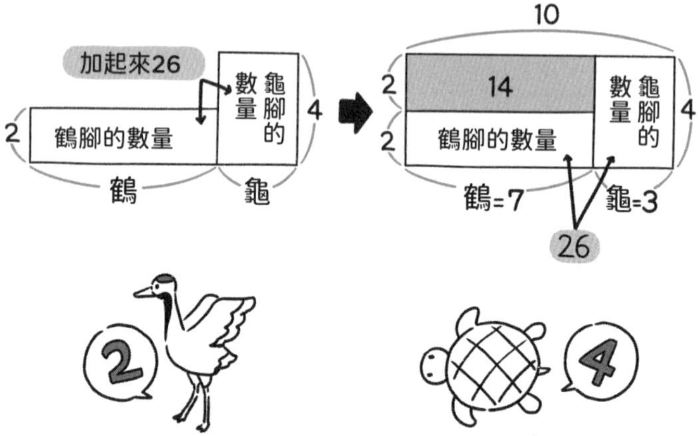

由於這個完整的長方形的面積為40，所以這個用來填滿的長方形（圖中的灰色長方形）的面積為40-26=14。由此便可得知，鶴有七隻，龜有三隻。就算不用圖形，也能直接利用聯立方程式解決這類「鶴龜題目」。

不過，在方程式解的公式問世之前，通常都是利用這種圖解的方式解題。

從一次到二次

二次方程式也能以圖解的方式算出答案。

讓我們以「$x^2+10^x-75=0$」為例，示範圖解二次方程式的方法。第一步先整理成「$x^2+10^x=75$」，然後把「$x^2=x\times x$」與「10^x」

【圖解二次方程式『$x^2+10^x-75=0$』】

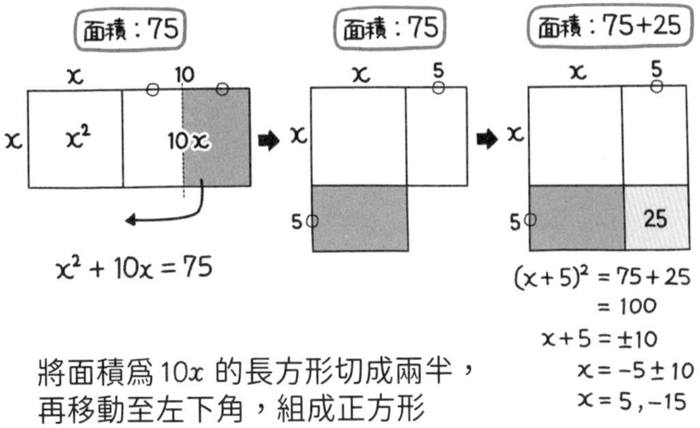

分別視為正方形與長方形的面積，這一步也是圖解的關鍵。

如上圖所示，讓面積為x^2的正方形與面積為10^x的長方形並列，接著將長方形切成一半，然後移動到正方形的下方。為了讓圖形成為完整的正方形，補一塊面積為「5×5＝25」的正方形（圖中的灰色正方形）。如此一來，就能得到邊長為「x+5」的正方形，而這個正方形的面積是「75+25=100」，所以經過前一頁的圖解便可算出x的值。

也可以利用相同的方式導出二次方程式解的公式。299頁為大家整理了推導過程，有興趣的讀者可以看看。其實此圖只是透過圖解的方式說明配方法這種整理公式的方法。在高中數學出現的整理多項式的方法之中，配方法算是特別棘手的一種，但透過示意圖說明配方法的話，或許能更了解配方法的本質。

從乘法聯想到面積讓人們從一次方程式想到了二次方程式。我覺得，這種方式不僅訴諸直覺，也帶來了更多的創意。

【圖解二次方程式解的公式】

假設 $a>0$

$$ax^2+bx+c=0$$

以 a 除之

$$x^2+\frac{b}{a}x+\frac{c}{a}=0$$

將 $\frac{c}{a}$ 移項到右邊

$$x^2+\frac{b}{a}x=-\frac{c}{a}$$

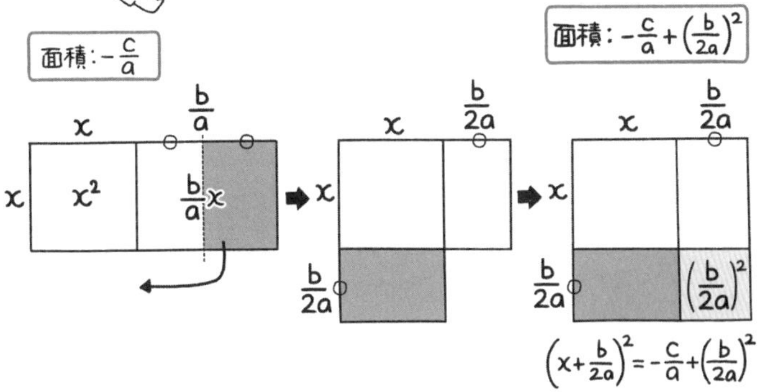

$$x+\frac{b}{2a}=\pm\sqrt{-\frac{c}{a}+\left(\frac{b}{2a}\right)^2}$$

$$=\pm\frac{\sqrt{b^2-4ac}}{2a}$$

$$\sqrt{-\frac{c}{a}+\left(\frac{b}{2a}\right)^2}=\sqrt{-\frac{c}{a}+\frac{b^2}{4a^2}}=\sqrt{\frac{-4ac+b^2}{4a^2}}=\frac{\sqrt{b^2-4ac}}{2a}$$

（$a>0$，所以 $\sqrt{4a^2}=2a$）

$$x=-\frac{b}{2a}\pm\frac{\sqrt{b^2-4ac}}{2a}$$

よって

$$x=\frac{-b\pm\sqrt{b^2-4ac}}{2a}$$ ← 二次方程式解的公式

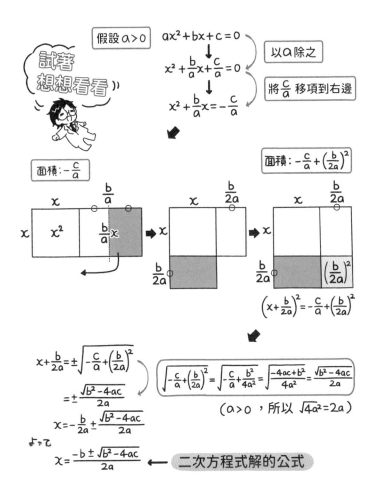

「+」「−」「×」「÷」是什麼時候誕生的？

許多人都不知道運算符號的由來

大家可知道，我們順手使用的「+」「−」「×」「÷」到底是從何時開始普及的呢？其實這些運算符號的歷史不算太久，「+」與「−」是在十五世紀尾聲開始普及，而「×」與「÷」則是在進入十七世紀之後才普及。

在距今五百多年的時候，歐洲進入了大航海時代，海上商業貿易也盛極一時。由於當時沒有雷達這類裝置，所以要想安全地航行至遠方，就必須觀測天體與計算航路，所以當然需要天文學方面的計算。我覺得，運算符號之所以誕生，多少與當時的人們希望冗長的計算能夠輕鬆一點這個殷切的渴望有關。

【在『+』誕生之前】

「+」與「−」

關於「+」與「−」的誕生過程，最有力的說法就是這兩個運算符號都是為了速寫而誕生的符號。一般認為，「+」源自拉丁文的 et（英文的 and，可參考上圖），而「−」則源自 minus 的首字 m 的簡寫。

另外還有「+」與「−」源自水手使用的符號這種說法。水手會在船內準備一桶一桶的水，而當他們使用這些水的時候，會畫一條橫線，標記水的高度。等到他們替桶子加水後，又會在橫線畫上直線（+）。於水位減少的時候使用的「−」與增加的時候使用的「+」後來就各自成為減法與加法的符號。這就是這兩種運算符號源自水手的說法。

「×」

至於「×」與「÷」，目前已知誰是第一個使用這兩個符號的人。首位使用「×」這個運算符號的是英國數學家威廉・奧特雷德（William Oughtred，1574～1660）。他於一六三一年的著作首次使用了這個符號，但是關於這個符號的形狀怎麼來的則眾說紛紜，一說認為是傾斜的基督教十字架，一說認為是源自蘇格蘭國旗的形狀。順帶一提，奧特雷德也是第一次使用三角函數「sin（正弦）」的人。

除了「×」之外，「・」也是乘法的符號。其實歐洲大陸曾有一段時間不太使用「×」這個符號，比方說，德國數學家哥特弗利德・萊布尼茲在寫給瑞士數學家白努利的信件之中，就提到「我不太喜歡『×』這個乘法的符號，因為一不小心就會看成『x（英文字母的x）』。我喜歡直接在兩個量之間插入『・』這個符號，標示這兩個量相乘的方法」。在當時，這種意見似乎是主流。等到打字機與電腦普及之後，乘法符號「×」就越來越少人使用，尤其在半形英數字模式之下，更是容易與「x（英文字母）」混淆。其實現代的電腦鍵盤也沒有代表乘法的「×」，Excel 這類試算表軟體在輸入乘法時，則是使用「*（星號）」這個符號。

「÷」

第一位使用「÷」這個符號的人物是瑞士數學家約翰・海因里希雷恩（Johann Rahn，1622～1676），他在一六五九年的著作首次使用了這個符號。一般認為，這個符號如下一頁的圖所示，是抽象化的分數符號，而英國數學家艾薩克・牛頓很喜歡「÷」這個符號，所以也從英國開始普及。

「／（斜線）」或是「：（分號）」也是除法符號之一，而且「／（斜線）」的歷史比「÷」還要悠久，目前也於全世界普及。至於第一個使用「：」這個除法符號的人則公認是萊布尼茲，據傳他從十七世紀尾聲開始使用這個符號。德國與法國直到現代都將「：」視為除法符號，但其他國家通常將它當成比例的符號。其實使用「÷」這個符號的國家並不多，只限英國、美國、日本、韓國、泰國與一小部分的國家，其餘的國家都以「／」為主流。

二〇〇九年，國際標準化組織（ISO）發行的數學符號國際規格「ISO 80000-2」指出，除法可利用「／」標記，或是寫成分數的形式，也清楚記載「不該將『÷』當成除法的符號」。如果真是如此，「÷」這個符號有可能將慢慢地從全世界的教科書消失。

【在『÷』誕生之前】

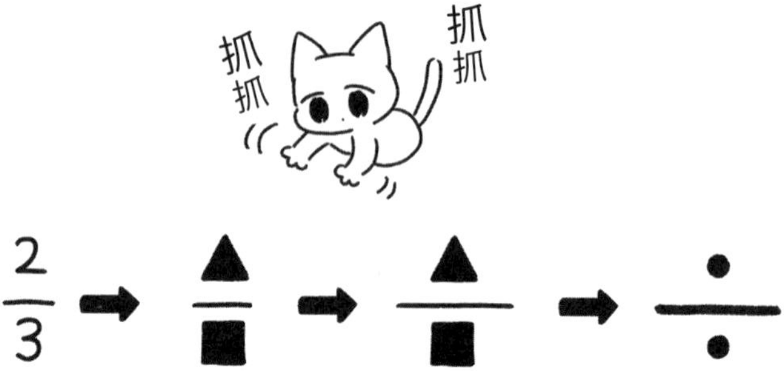

萬能天才的堅持

如果被問到，小時候第一個學到的算數（數學）符號是什麼，應該有許多人會回答「＋」或是「＝」吧？但仔細想想，「1、2、3、……」這類數字其實也是符號。

英國數理哲學家伯特蘭·羅素曾說：「人類要發現2月的2，與2隻雉的2是同一個2，需要歷予無限的歲月。」不管是2月的「2」、2隻的「2」、2公尺的「2」還是2萬元的「2」，在某種單位之下，這些「2」在本質上都是「2個」的意思，而這其實是從上述這些具體的例子去除多餘的資訊，只留下本質的抽象化過程，也是極度進階的知性活動。

每當數學引入新符號，都會經歷這段抽象化過程，我甚至覺得數學的歷史就是符號的歷史。不過，之所以有一部分的人極度討厭公式，在於公式除了數字，通常只以極度抽象化的符號寫成。為什麼數學會如此追求新概念與新符號呢？一方面是為了簡化考察的對象，但最主要的理由還是在於「不會出錯」。

本書多次提及的萊布尼茲就非常堅持使用符號。現代人通常只把萊布尼茲視為與牛頓爭奪「最先找到微積分本質的第一把交椅」頭銜的人，覺得其知名度與風評不如牛頓，但其實萊布尼茲在他的時代被稱為「萬能的人」、「知識巨人」，名聲傳遍了整個歐洲。除了數學之外，萊布尼茲在法律學、歷史學、文學、邏輯學、哲學以及多個領域都留下了豐功偉業，是一位驚世的全才，而萊布尼茲有一項從二十歲開始傾注心血，直到離世之前都未曾放棄的研究，那就是「讓理性的所有真理還原為一種計算的普遍方法」，而這種方法就是發明符號。只要能夠發明符號，需要進階考察的推論也會變成「計算」這種再單純不過的作業，而且原則上，不會出現錯誤的推論。

遺憾的是，萊布尼茲壯志未酬身先死，他的夢想在兩百年之後，由英國數學家喬治·布爾所繼承，其成果便是所謂的「符號邏輯學」（參考 108 頁）。

為了「正確地」了解世界

對符號極度講究的萊布尼茲所發明的微積分符號實在超凡出眾。合成函數的微分、反函數的微分、代換積分（對這些用語不太熟悉的讀者，只需要知道這些用語有點難即可）這些絕不算簡單的數學計算（不需要了解內容），都因為能將符號當成分數一樣使用而變得像是某種機械化的過程。反觀牛頓設計的符號雖然簡單，卻幾乎無法引導計算。以電子計算機研究始祖聞名的英國數學家查爾斯．巴貝奇（Charles Babbage，1791～1871）曾說：「牛頓設計的符號讓英國的數學落後了一百年。」的確，自牛頓之後，十八世紀少有英國數學家嶄露頭角。

我們平常使用的語言在不同的情景下，具有不同的語境，就算是同一個詞彙，在不同的場景下，也會產生不同的意思，而有些詞彙也很難像是「右」或「左」這類詞彙能夠簡單明瞭地定義。

如果使用這些定義不明的詞彙討論，無論如何都會產生誤解，如果使用日常的語言討論，讓我們能夠進行邏輯思考的理性也有可能會被帶往錯誤的方向。不過使用只為了代表某種數學概念才誕生的符號進行討論，就不會出現任何「歧義」或是「語感偏差」的

【微積分的符號】

萊布尼茲設計的符號 $\frac{dy}{dx}$

➡ 合成函數的微分：$\frac{dy}{dx}=\frac{du}{dx}\frac{dy}{du}$　（類似 $\frac{b}{a}=\frac{c}{a}\times\frac{b}{c}$）

反函數的微分：$\frac{dx}{dy}=1\div\frac{dy}{dx}$　（類似 $\frac{b}{a}=1\div\frac{a}{b}$）

牛頓設計的符號 $\dot{x}$

運動方程式 $m\ddot{x}=F$（$\ddot{x}$：加速度）➡ $\dot{x}=v_0+\frac{F}{m}t$（$\dot{x}$：速度）

萊布尼茲設計的符號能讓「合成函數的微分」這類需要進階概念的計算變成簡單的分數計算。
牛頓設計的符號雖然簡單，概念卻無法擴張。

問題。意思是，只要了解符號的定義以及使用規範就不會出錯，這也是數學偏好使用符號的理由。

或許有些人會覺得，數學的符號冷冰冰的，沒有半點生氣，但不管是哪種數學符號，都是由活生生的人類努力創造才誕生的，而且每個數學符號都蘊藏著這些人想要正確理解與描述這個世界的理想，光是從這個角度看待數學符號，或許就會覺得數學符號比那些我們習以為常的日常詞彙更加璀璨。

結語

讀完本書，大家是否對數學有所改觀呢？如果本書介紹的小故事能讓大家大呼「咦，這也跟數學有關啊？」筆者將會非常開心。

數學的概念、理論或方法論主要是從十六世紀開始應用於物理學、化學、生物學、天文學這類基礎科學，當然也會用在工程學、農學、醫學、經濟學這類與實務有關的學問上，之後也擴張至哲學或藝術，而在第四次工業革命（AI、IOT、網路、奈米科技、自動駕駛這類技術創新於各種產業引爆的技術革命）如火如荼進行的現代，數學的存在感也益發強烈。數學接下來很可能擴張至與萬物皆有關係的程度。就這層意思而言，數學正逐漸成為一門「不可思議」的學問。

本書介紹了畢達哥拉斯、笛卡兒、費馬、牛頓、萊布尼茲、歐拉、高斯、康托爾這些天才數學家的豐功偉業，也說明了他們創造的方程式、函數、微積分、集合、機率、統計這些在數學上的突破有何意義，更說明了負數、虛數、無限、N進位制這些概念，以及圓周率與自然常數這類奇妙的常數以及這些概念與常數的影響力有多麼深遠。

光是為了介紹「數學之美」就用了一章的篇幅之外，也透過魔法陣、萬能天秤這類帶有神祕氣息的話題，介紹了足以讓大家覺得「數」是何等不可思議之物的「計算」。儘管作者是我，卻也覺得本書包羅萬象，這也意味著，數學這門學問的大門是如此寬敞。

當我透過物理了解微積分的「奧妙」，我便愛上了數學。當我知道那些力學公式居然可從一個運動方程式再經過積分之後導出，至今我仍然鮮明地記得當時有多麼感動與驚訝。這就是讓我覺得數學為我敞開了大門的事件。在那之後，我便能隨時隨地發現數學的合理性與美麗，也知道從數學學到的思考邏輯將是我的人生方針。

當我明白數學的「奧妙之處」，也累積了許多上述的經驗，便讓我下定決心，將宣揚數學的意義與意義做為自己的志向。常言道，要學會外文，最快的方法就是找一個能說這門外文的戀人，我覺得這個方法也能用來學習數學。如果大家能在了解數學的「奧妙」之後，被數學的魅力深深吸引，數學能力應該也會像高中時代的我突飛猛進。就算不是以「學習」的角度看待數學，一樣能享受數學的樂趣。不過，當大家開始學習數學，了解各種公式之後，一定能進一步體會數學的魅力。

多虧 Diamond 社田畑博文的幫助，本書的企畫才得以通過，也才能順利地選定主題，也多虧他的指點，才得以修正原稿的方向。在我撰寫本書的時候，田畑先生總是站在讀者的角度，給予我許多實用的建議。如果大家覺得本書「十分淺顯易懂」，那完全是田畑先生的功勞，容我在此向他獻上深深的謝意。此外，cotori 野 DEATH 子小姐的插圖也幫了大忙。我覺得那些可愛又簡單易懂的插畫，肯定讓讀者越讀越暢快才對。除此之外，也要感謝其他幫助本書付梓出版的朋友。

但願在本書介紹之下，各位讀者能更了解數學的奧祕，同時了解數學之美以及藝術的一面，更希望大家能夠了解數學的實用性，以及對社會產生了哪些影響，哪怕只是從上述的其中一點了解數學的「不可思議之處」都好，也希望能因此幫助大家推開「數學世界的大門」。

二〇二〇年四月

永野裕之

【参考文献】

・岡潔(著)『春宵十話』光文社
・『天才たちのつくった数学の世界』スコラマガジン
・マルサス(著)・永井義雄(訳)『人口論』中央公論新社
・大村平(著)『論理と集合のはなし』日科技連出版社
・バーバラ・ミント(著)・山﨑康司(訳)『考える技術・書く技術』ダイヤモンド社
・照屋華子・岡田恵子(著)『ロジカル・シンキング』東洋経済新報社
・竹内薫(著)『不完全性定理とはなにか』講談社
・スティーヴン・ウェッブ(著)・松浦俊輔(訳)『広い宇宙に地球人しか見当たらない50の理由』青土社
・ジュリアン・ハヴィル(著)・松浦俊輔(訳)『世界でもっとも奇妙な数学パズル』青土社
・畑村洋太郎(著)『直観でわかる数学』岩波書店
・藤原正彦・小川洋子(著)『世にも美しい数学入門』筑摩書房
・アン・ルーニー(著)・吉富節子(訳)『数学は歴史をどう変えてきたか』東京書籍
・上垣渉(著)『はじめて読む数学の歴史』角川学芸出版
・鳴海風(著)『美しき魔方陣　久留島義太見参！』小学館
・牟田淳(著)『デザインのための数学』オーム社
・外尾悦郎(著)『ガウディの伝言』光文社
・松下恭雄(著)『曲線の秘密　自然に潜む数学の真理』講談社
・黒木哲徳(著)『なっとくする数学記号』講談社
・岡部恒治他(著)『身近な数学の記号たち』オーム社
・アミール・D・アクゼル(著)・青木薫(訳)『「無限」に魅入られた天才数学者たち』早川書房
・イアン・スチュアート(著)・水谷淳(訳)『数学の真理をつかんだ25人の天才たち』ダイヤモンド社
・ジョニー・ボール(著)・水谷淳(訳)『数学の歴史物語』SBクリエイティブ
・Newton別冊『数学の世界 図形編』ニュートンプレス
・Newton別冊『数学の世界 現代編』ニュートンプレス
・Newton別冊『数学の世界 数の神秘編』ニュートンプレス
・永野裕之(著)『オーケストラの指揮者をめざす女子高生に「論理力」がもたらした奇跡』実務教育出版
・永野裕之(著)『ふたたびの微分・積分』すばる舎
・永野裕之(著)『ふたたびの確率・統計［1］確率編』すばる舎
・永野裕之(著)『ふたたびの確率・統計［2］統計編』すばる舎

とてつもない数学

麵包有可能是負三個嗎？

用最有趣的方式認識日常生活中無所不在的數學觀念、應用與啟發

作者　永野裕之
翻譯　許郁文
責任編輯　張芝瑜
美術設計　郭家振
行銷企劃　張嘉庭

發行人　何飛鵬
事業群總經理　李淑霞
社長　饒素芬
圖書主編　葉承亨

出版　城邦文化事業股份有限公司麥浩斯出版
E-mail　cs@myhomelife.com.tw
地址　115 台北市南港區昆陽街 16 號 7 樓
電話　02-2500-7578

發行　英屬蓋曼群島商家庭傳媒股份有限公司城邦分公司
地址　115 台北市南港區昆陽街 16 號 5 樓
讀者服務專線　0800-020-299（09:30 ～ 12:00；13:30 ～ 17:00）
讀者服務傳真　02-2517-0999
讀者服務信箱　Email: csc@cite.com.tw
劃撥帳號　1983-3516
劃撥戶名　英屬蓋曼群島商家庭傳媒股份有限公司城邦分公司

香港發行　城邦（香港）出版集團有限公司
地址　香港九龍九龍城土瓜灣道 86 號順聯工業大廈 6 樓 A 室
電話　852-2508-6231
傳真　852-2578-9337

馬新發行　城邦（馬新）出版集團 Cite（M）Sdn. Bhd.
地址　41, Jalan Radin Anum, Bandar Baru Sri Petaling, 57000 Kuala Lumpur, Malaysia.
電話　603-90578822
傳真　603-90576622

總經銷　聯合發行股份有限公司
電話　02-29178022
傳真　02-29156275

製版印刷　凱林彩印股份有限公司
定價　新台幣 450 元／港幣 150 元
2025 年 2 月初版一刷
ISBN　978-626-7558-83-6（平裝）

國家圖書館出版品預行編目(CIP)資料

麵包有可能是負三個嗎?用最有趣的方式認識日常生活中無所不在的數學觀念、應用與啟發/永野裕之著; 許郁文譯. -- 初版. -- 臺北市 : 城邦文化事業股份有限公司麥浩斯出版 : 英屬蓋曼群島商家庭傳媒股份有限公司城邦分公司發行, 2025.02
　面；　公分
譯自 : とてつもない数学
ISBN 978-626-7558-83-6(平裝)

1.CST: 數學 2.CST: 通俗作品

310　114000705